Werkstattbücher

Für Betriebsfachleute
Konstrukteure und Studenten

Herausgeber:
H. Determann W. Malmberg H. Rattay

124

H. Hänsel

Fördertechnik

Springer-Verlag Berlin Heidelberg GmbH 1970

Herausgeber-Kollegium der Werkstattbücher

Dr.-Ing. HERMANN DETERMANN, Schulbehörde Hamburg

Dipl.-Ing. WERNER MALMBERG, Technisches Vorlesungswesen Hamburg

Prof. Dipl.-Ing. Dr. HELMUT RATTAY, Hamburg

Verfasser dieses Heftes

Ing. HELMUT HÄNSEL, Stuttgart-Feuerbach

Inhaltsverzeichnis

ISBN 978-3-540-05036-0   ISBN 978-3-642-86737-8 (eBook)
DOI 10.1007/978-3-642-86737-8

Vorwort

Das vorliegende Heft soll wie alle „Werkstattbücher" interessierte Leser, Fachleute und Studierende, mit geringem Zeitaufwand über die behandelten Verfahren, Maschinen und Einrichtungen soweit unterrichten, daß sie einen guten Überblick gewinnen und sich im einzelnen gegebenenfalls ein eigenes Urteil bilden können. In diesem Heft werden aus dem so umfangreichen Gebiet der Fördertechnik die vor allem der Fertigung im Maschinen- und Apparatebau dienenden innerbetrieblichen Fördermittel erörtert.

Herausgeber und Verfasser nehmen kritische Anregungen aus dem Leserkreise, etwa für eine bevorzugte Behandlung bestimmter Geräte oder Sachverhalte, am einfachsten über den Verlag gern entgegen. Sie hoffen aber, daß auch schon diese erste Auflage freundlichen Anklang finden möge.

I. Materialfluß und Förderhilfsmittel

1. Materialfluß. Nach der VDI-Richtlinie 2411 ist Materialfluß die Verkettung aller Arbeitsvorgänge beim Gewinnen, Be- und Verarbeiten sowie beim Lagern und Verteilen von Stoffen innerhalb festgelegter Bereiche. Die bildliche Darstellung, das Materialflußbild, kann verschieden wiedergegeben werden, z. B. als Planschema, das die in der Werkstatt befindlichen Arbeitsplätze, die Wegstrecken und den Durchlauf des Gutes zu erkennen erlaubt (Bild 1). Wenn sich das Gut in verschiedenen Stockwerken bewegt, kann eine perspektive Darstellung zweckmäßig sein.

2. Förderhilfsmittel. Man unterscheidet Fördermittel, d. h. Anlagen und Maschinen, die zum unmittelbaren Transport des Gutes dienen, und Förderhilfsmittel, d. h. Vorrichtungen und Geräte, die den Einsatz von Fördermitteln überhaupt erst ermöglichen oder diese zumindest besser nutzen lassen, z. B. Gutträger wie *Paletten, Ladepritschen, Behälter*, und Einrichtungen für Lager und Umschlagplätze, *Überladebrücken* u. dgl.

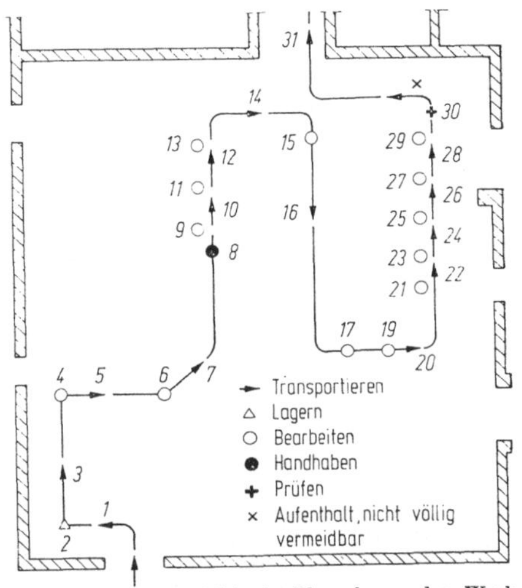

Bild 1. Materialflußbild als Planschema der Werkstatt mit maßgetreuer Lage der Arbeitsplätze für ein Einzelerzeugnis. *1—31* lfd. Nr. der Einzelvorgänge nach Materialflußbogen.

In enger Verbindung mit den Fördermitteln stehen Paletten und Ladepritschen. Gewisse Flurförderzeuge sind erst mit diesen Hilfsmitteln wirtschaftlich einsetzbar.

a) Paletten. *Flachpaletten* sind Stapelplatten zum Beladen mit Fördergut; sie gestatten das Unterfahren mit den Aufnahmeteilen der Flurförderzeuge. Nach der Art der Zugänglichkeit wird zwischen Zwei- und Vierwegepaletten (Bild 2) unterschieden. Darüber hinaus können sie als Ein- oder Doppeldeckpaletten gebaut sein, wobei die Bodenplatte eine geschlossene Fläche, aber fensterartig durchbrochen sein kann. Die Laufrollen der Gabelzinken des Hubwagens müssen freien Durchtritt zum Boden haben. Umkehrbare Paletten sind fensterfrei und nur vom Gabelstapler verfahrbar.

Einteilung und Bezeichnung der Paletten ist aus der Tab. 1 ersichtlich. Außer den Formen A bis G gibt es noch solche mit Rücksprung der äußeren Bodenträger gegenüber der Tragfläche der Palette. Der Rücksprung ist für das seitliche Untergreifen des Lastaufnahmemittels beim Fördern mit dem Kran vorgesehen. Die Hauptmaße sind in der Tabelle zu Bild 3 zusammengestellt. Die Paletten werden im allgemeinen aus Holz hergestellt; es sind aber auch solche aus Pappe, Preßstoff, Stahl- oder Aluminiumblech anzutreffen. Für die Flachpaletten gibt es verschiedene Ergänzungs und Zubehörteile zur Aufnahme von Stahlflaschen, Rohren, Fässern und anderem Fördergut mit schlechter Stapelbarkeit oder von Stoffen in druckempfindlicher Verpackung.

Form	Bildliche Darstellung	Bemerkung
C m F	Vierwege - Palette	Ansicht von unten, mit Fenstern in der Bodenplatte
D	Zweiwege - Palette	mit Längsträgern
F	Zweiwege - Palette	mit Querträgern
F m R	Zweiwege - Palette	mR mit Rücksprung für Kranaufnahme, nicht genormte Bezeichnung

Bild 2. Form einiger Paletten und ihre Zugänglichkeit für die Aufnahme.

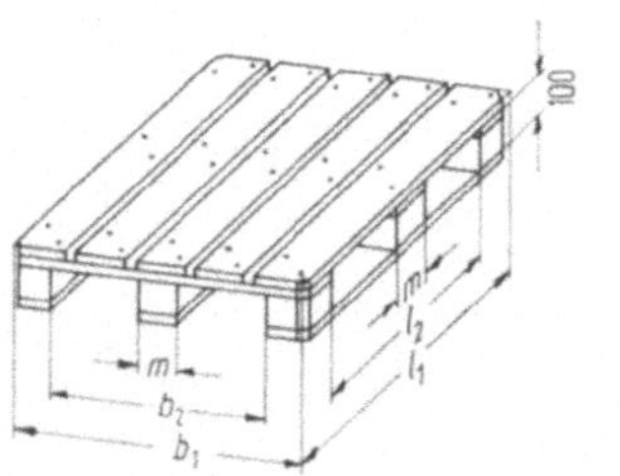

Nennmaße in mm $b_1 \times l_1$	Kennzeichen n. VDI 3307	Maße in mm			Gewicht m. Klötzen aus		Tragkraft kp	Bemerkungen
		b_2	l_2	m	Pappel	Hartholz		
					kg			
600 × 800		-	>590	-				nur Form F
800 × 1000	PA	>590	>710	<150	24	27	1000 auf Gabel	Form E DIN 15146 Bl.1
800 × 1200	P		>800		28	32	4000	Form E DIN 15146 Bl.2
1000 × 1200	PB	>710			38	42	im Stapel	Form E DIN 15146 Bl.3
1200 × 1600		>800	>800	<175				DIN 15141
1200 × 1800								

b) Boxpaletten. Boxpaletten sind oben offene Stapelbehälter, deren Grundmaße mit denen der Flachpaletten weitgehend übereinstimmen. Von den verschiedenen Ausführungen und Größen ist die in Bild 4 gezeigte Gitterboxpalette als europäische Tauschpalette im grenzüberschreitenden Verkehr die wichtigste. Die (beladene) Palette wird beim Eingang bei den dem Palettenpool angehörenden Unternehmen Eigentum des Empfängers, womit aber die Abgabe einer gleichen Palette an das Transportunternehmen verknüpft ist.

c) Ladepritschen. Zum Aufnehmen des Fördergutes mit dem Gabelhubwagen sind Lade-

Bild 3. Flachpaletten aus Holz nach DIN 15141; dargestellt Vierweg-Flachpalette (P = europäische Tauschpalette).

pritschen die geeigneten Traggestelle. Eine bewährte Ausführung mit Füßen aus gebogenem Flachstahl zeigt Bild 5. Kennzeichnende Maße sind die Plattformgröße, die Einfahrweite und -höhe. Für besondere Verwendungszwecke wurden Stirnwände zum Einstecken und Aufsetzrahmen mit verschiedener und veränderlicher Höhe entwickelt. Sie machen damit Ladepritschen gewissermassen zu Transportbehältern.

Tabelle 1. *Bezeichnung der Palettenformen in Abhängigkeit vom Aufbau und der Möglichkeit des Unterfahrens durch die Gabeln von Stapelgeräten*

Aufnahme	Zweiwege-Palette		Vierwege-Palette
	längs	quer	längs und quer
Mit Bodenplatte	Form A	Form B	Form C
Mit Bodenplatte und mit Fenstern	Form AmF	Form BmF	Form CmF
Mit Längsleisten	Form D	—	Form E
Mit Querleisten	—	Form F	Form G

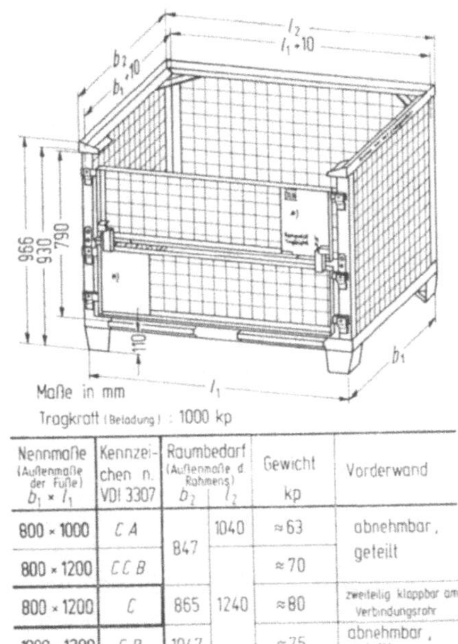

Maße in mm

Tragkraft (Beladung) : 1000 kp

Nennmaße (Außenmaße der Füße) $b_1 \times l_1$	Kennzeichen n. VDI 3307	Raumbedarf (Außenmaße d. Rahmens) b_2	l_2	Gewicht kp	Vorderwand
800 × 1000	C A	847	1040	≈ 63	abnehmbar, geteilt
800 × 1200	C C B	847		≈ 70	abnehmbar, geteilt
800 × 1200	C	865	1240	≈ 80	zweiteilig klappbar am Verbindungsrohr
1000 × 1200	C B	1047		≈ 75	abnehmbar, geteilt

Bild 4. Gitterboxpaletten nach DIN 15142 mit abnehmbarer, geteilter Vorderwand (C = europäische Tauschpalette nach DIN 15155).

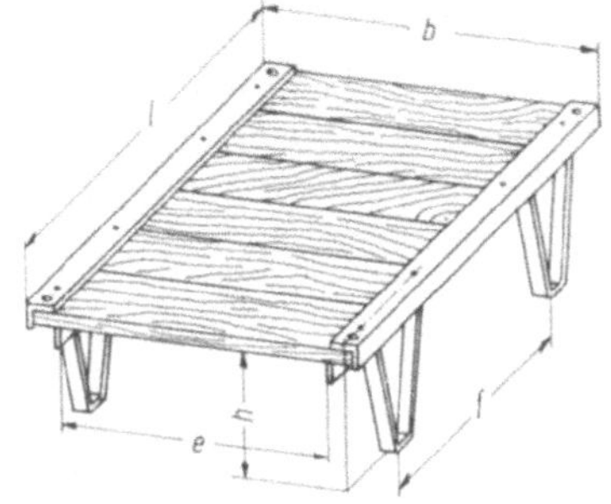

Länge l mm	800	1000	1200	1600	2000	Einfahrweite e mm	Unterfahrhöhe h mm
Fußabst. f mm	400	600	800	1180	1600		
Breite b mm — Tragkraft kp	650	800	1000	1250	1600		
650	LBO			o	o	> 500	175
							195
800		LCA	LCB		o	> 680	215
							245
1000	o		LDB	LDC		> 800	265
1200	o	o			LED	> 1000	300
	1000	1250	1600	2000	2500		
			Tragkraft kp				

Bild 5. Ladepritschen nach DIN 15132. Die eingetragenen Buchstaben in der Tabelle entsprechen dem zugehörigen Kennzeichen nach VDI 3307. 0 ≙ wenig gebrauchte Größen.

II. Flurförderzeuge

A. Allgemeines

Die drei großen Gruppen sind *Schlepper*, *Wagen* und *Stapler*, wobei der Übergang von den Wagen zu den Staplern sehr fließend ist. Die Einsatzbereiche der Wagen und Stapler überlagern sich abhängig von den gestellten Aufgaben. Einige Anhaltspunkte gibt Tab. 2. Der Einsatz der Flurförderzeuge bestimmt die Bauform, den Fahrantrieb und die Lenkung. Diese drei Gesichtspunkte führen zu den Typen, deren Benennungen und Kurzzeichen in DIN 15140 festgelegt sind. Tab. 3 ist eine gekürzte Fassung dieser Norm, worin Portalhubwagen (C), Quergabelstapler (Q), Schwenkgabelstapler (X) und die Gruppe der „sonstigen Flurförderzeuge" weggelassen sind. Die aufgeführten Typen sind weiter zu unterteilen nach Tragkraft und Leistung.

Tabelle 2. *Einsatzbereiche der Flurförderzeuge (ohne Schlepper)*

	Einsatzbereiche	Bestimmungsgesichtspunkte	Antriebsart	Geeignete Flurförderzeuge Wagen	Stapler
Lagerbetriebe	in Gebäuden	räumliche Gegebenheiten, Gangbreiten, Stapelhöhen	von Hand gezogen, elektrisch	Wagen, Hubwagen, Gabelhubwagen	alle Typen
Lagerbetriebe	im Freien	Bodenbeschaffenheit, Wegebreiten, Stapelhöhen	verbrennungsmotorisch	Wagen, Kipper, Portalwagen	Gabelstapler, Quergabelstapler
Werkstätten	in Etagen	Deckentragfähigkeit, Gangbreiten, Türhöhen	von Hand gezogen, elektrisch	Wagen, Hubwagen, Niederhubwagen, Gabelhubwagen	Hochhubwagen, Gabelhochhubwagen, Gabelstapler
Werkstätten	auf festem Grund (Erdgeschoß)	Gangbreiten, Stapelhöhen, Türhöhen	von Hand gezogen, elektrisch	wie zuvor, jedoch mit höherer Tragkraft	
	Fabrikgelände	Wegeverhältnisse	verbrennungsmotorisch	Wagen, Schlepper, Portalhubwagen	Gabelstapler, Quergabelstapler

3. Antrieb. *Handantrieb* und *motorischer Antrieb* sind in ihren Leistungs- und Anwendungsbereichen nicht scharf abzugrenzen. Einen Anhalt gibt Tab. 4 (S. 8). Handgezogene Flurförderzeuge nehmen in den Kleinbetrieben einen bedeutsamen Platz ein; sie sind aber auch in den größten Betrieben anzutreffen.

Von den motorisch angetriebenen Flurförderzeugen werden die mit Verbrennungsmotoren ausgerüsteten Fahrzeuge nur dort eingesetzt, wo der innerbetriebliche Verkehr große Entfernungen zu überbrücken hat, also besonders im Freien. In Werkstätten und Hallen werden batterie-elektrisch angetriebene Flurförderer benutzt. Sie entwickeln keine gesundheitsschädlichen Abgase, laufen geräuscharm und sind sauber und bequem zu bedienen.

Den Strom liefern Batterien, meist Bleiakkumulatoren, die große Leistungen bei relativ kleinen Gewichten, geringem Raumbedarf und großer Lebensdauer entwickeln. Die üblichen Akkumulatoren haben Zellen mit positiven Gitterplatten (Bezeichnung: Gi und GiS). Es werden auch Panzerplattenbatterien (Bezeichnung: Pz und PzS) benützt, die zwar teurer sind, aber dafür eine wesentlich größere Lebensdauer aufweisen.

4. Fahrwerk. Alle Fahrzeuge haben geschweißte Stahlrahmen, an denen der Antrieb, die Lenkung und die Räder, meist lösbar, angebracht sind. Kleinere Fahrzeuge für reinen Innenbetrieb haben Vollgummireifen; sie sind dadurch schmaler, kürzer und wendiger. Größere Fahrzeuge, namentlich wenn sie im Freien arbeiten, besitzen dagegen Luftbereifung. Die Tab. 5 (S. 8) zeigt die bestimmenden Merkmale der beiden Bereifungen.

5. Lenkung. *Handlenkung* wird bei handgezogenen, *Lenkung durch Gehenden* bei batterie-elektrisch angetriebenen kleinen Flurförderern verwendet. Die *Standlenkung* erlaubt bereits das Mitfahren des Fahrers; sie gewährt einen guten

Tabelle 3. *Flurförderzeuge, Gliederung, Kurzzeichen, Benennungen*
(* letzter Buchstabe des Kurzzeichens)

Kurzzeichen für Flurförderzeuge					Antrieb	
Lenkung (Vorsilbe der Bezeichnung unterstrichen)						
Handlenkung	Lenkung d. Gehenden	Standlenkung	Fahrersitzlenkung			
H*	—	—	—		Handantrieb	
—	—	BS*	BF*		Benzin ⎱ verbrennungs-	
—	—	DS*	DF*		Diesel ⎰ motorisch	
—	EG*	ES*	EF*		batterie-elektrisch	
Bildliche Darstellung				*	Benennung d. Bauform	Erläuterung
					Schlepper	motorisch angetrieb. Fahrzeuge zum Ziehen anderer Fahrzeuge
				Z	Schlepper (Zweiachsschlepper)	Schlepper mit zwei Achsen
				R	Einachsschlepper	Schlepper mit einer Achse
				A	Sattelschlepper (Aufsattler)	Schlepper, die einen Teil der Last des geschleppten Gerätes durch Aufsatteln übernehmen
					Wagen	Fahrzeuge m. mind. 3 Rädern
					Wagen o. Hubeinrichtg.	Wagen mit Ladefläche in unveränderlicher Höhe
				W	Wagen (Plattformwagen)	Wagen mit ebener Ladefläche ohne Aufbauten
				I	Kipper	Wagen m. kippbarem Lastträger
					Wagen m. Hubeinrichtg.	W. m. höhenverstellb. Lastträger
				N	Hubwagen (Niederhubwagen)	Wagen zum Aufnehmen und Fördern von Ladepritschen
				U	Gabelhubwagen	Hubwagen mit gabelförmigem Lastträger zum Aufnehmen und Fördern von Paletten und Behältern
					Stapler	Flurförderzeuge mit Lastträger heb- u. senkbar, vorzugsw. z. St
				H	Hochhubwagen	Stapler mit radunterstütztem Lastträger (z.B. Plattform oder Rollenbrücke)
				V	Gabelhochhubwagen	Stapler mit radunterstützter Gabel als Lastträger für Paletten und Behälter ohne untere Querleisten
				P	Spreizenstapler	Stapler, die mit ihrem Lastträger (z.B. Gabel) die Last unter-, mit ihren Spreizen jedoch umgreifen
				G	Gabelstapler	Stapler, die die Last außerhalb ihrer Radbasis freischwebend, vorzugsw. auf Paletten m Gabel o.a. Lastträger fassen, heben, fordern
				S	Schubgabelstapler	Gabelstapler, die die Last außerhalb d. Radbasis aufnehmen, jedoch innerhalb d. Radbasis fordern
					a mit Schubgabel	a durch Verschieben d. Gabel
					b mit Schubrahmen	b durch Verschieben d. Hubgerüstes mit d. Gabel

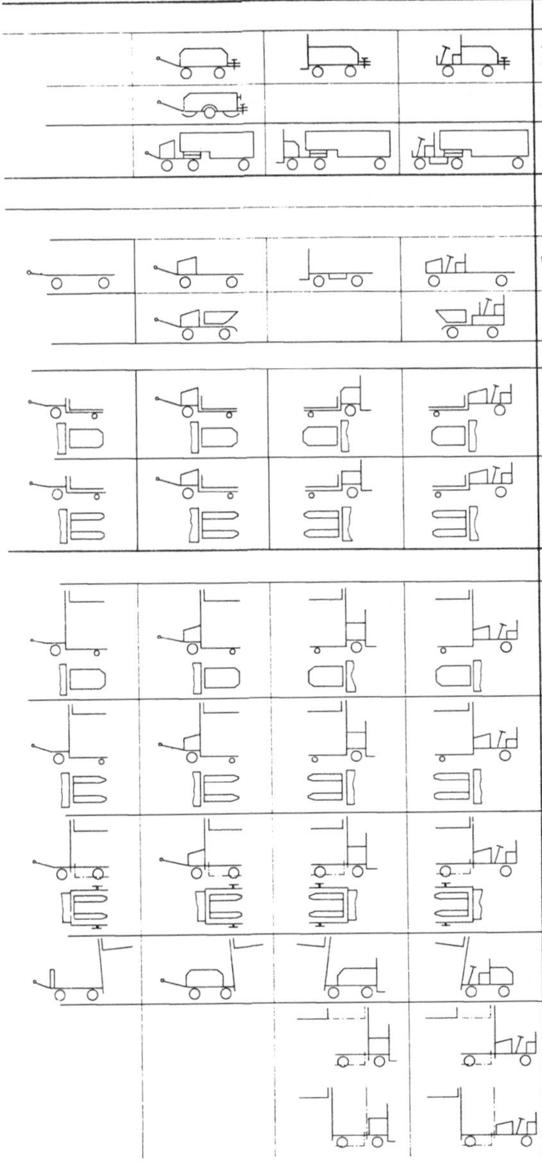

Am unteren Tabellenrand wiederholt: Handlenkung | Lenkung d. Gehenden | Standlenkung | Fahrersitzlenkung

Tabelle 4. *Leistung und Anwendung der Flurförderzeuge in Abhängigkeit vom Antrieb*

Antrieb		Von Hand gezogen	Motorisch	
			Transportwagen	Stapler
Leistung		dem menschlichen Arbeitsvermögen angemessen	unbegrenzt	unbegrenzt
Gewicht der Last	kp	< 1000	unbegrenzt	unbegrenzt
Länge	m	< 1000	unbegrenzt	< 1000
Wege Zustand		eben	auch holperig	eben
Steigung	%	keine	bis 20	bis 12
Geschwindigkeit bei				
Sitzlenkung	km/h	Gehgeschwindigkeit, bis 6 km/h	< 40	< 20
Standlenkung	km/h		< 16	< 16
Einsatzhäufigkeit		gering	groß	groß
Stapelmöglichkeit		nur soweit das Gerät die Einrichtung hierfür besitzt	nur in Verbindung mit Satplern und Hebezeugen	vorzugsweise überwiegend

Tabelle 5. *Vergleich des Betriebsverhaltens zwischen Vollgummi- und Luftbereifung bei Flurförderzeugen*

Merkmale	Vollgummireifen	Luftreifen
Rollwiderstand glatter Boden	gering ←—	ungünstiger
unebener Boden	hoch —→	besser
Fahrgeschwindigkeit km/h	< 20	unbegrenzt
Stoßdämpfung	mäßig, $\approx \frac{1}{2}$ der von Luftreifen	gut
Standsicherheit	gewährleistet	bei Luftverlust gefährdet oder aufgehoben
Folgen leichter Reifenschäden	keine	baldiger Wechsel nötig
Reifenmontage Schwierigkeitsgrad	auf zylindrischen Felgen: schwer auf geteilten Felgen: einfach	verhältnismäßig einfach
Wartung	keine	regelmäßige Luftdruckprüfung

Überblick über das Arbeitsfeld, wird aber auch bei Elektrokarren (Plattformwagen ESW) mehr und mehr zugunsten der Fahrersitzlenkung verlassen.

Neben den drei in der Tab. 3 für motorisch angetriebene Fahrzeuge aufgeführten Lenkungsarten gibt es noch die selbsttätige Lenkung, bei der das Fahrzeug mit seiner Abtasteinrichtung einem auf dem Boden verlegten Kabel oder einem als Klebband verlegten Leitstreifen folgt. Der Leitstreifen wird mit Photozellen abgetastet, seine Unterbrechung hält das Fahrzeug an. Ein Tonsignal macht gleichzeitig auf das Eintreffen des Fahrzeuges aufmerksam.

B. Wagen

Für Transporte über größere Entfernungen in auseinandergezogenen Betrieben haben sich kleine, motorisch angetriebene Wagen bewährt. Sie beanspruchen wenig Platz, sind sehr wendig, können durch Türen und Tore der Gebäude fahren und mit Lasten- und Güteraufzügen in andere Stockwerke gelangen. Die Wagen werden unmittelbar am Platz des Bedarfs be- und entladen, wo auch die geeigneten Hebezeuge vorhanden sind. Man unterscheidet Wagen ohne und mit Hubeinrichtung.

Wagen mit Hubeinrichtung unterscheiden sich von den Staplern durch ihre verhältnismäßig bescheidene Hubhöhe, die nur zur Übernahme des auf Paletten abgestellten Fördergutes ausreicht. In Kleinbetrieben sind vorzugsweise einfache Handwagen im Gebrauch, in Mittelbetrieben werden Elektrokarren und Plattformwagen der Typenbezeichnung ESW und neuerdings EFW verwendet.

6. Elektrokarren (ESW). Er ist ein Plattformwagen mit Standlenkung, der nur noch für eine Tragkraft bis 2 Mp gebaut wird. Das Fahrzeug fährt vorwärts mit dem Fahrerstand voraus. Es kann aber gleich gut rückwärts fahren, wobei der Fahrer nur eine Kehrtwendung zu machen hat. Da Lenken und Schalten durch Auf- und Abwärtsbewegen der Hebel zustandekommen, kann keine Verwechslung auftreten. Das Fahrzeug hat eine Kupplung, mit der ein Anhänger für gleiche Last wie die des Fahrzeuges in der Ebene gezogen werden kann.

7. Lenkung. Beim Elektrokarren (ESW) ist eine Hebellenkung vorhanden, die so auf die Räder der Vorderachse wirkt, daß beim Niederdrücken eine Rechtskurve, beim Hochziehen eine Linkskurve ausgefahren wird. Eine fußbetätigte Öldruckbremse wirkt auf die Innenbacken der Antriebsräder. Die Fahrzeuge sind so eingerichtet, daß beim Verlassen des Fahrerstandes der Antrieb abgeschaltet ist und die Bremse zwangsläufig einfällt. Beim Wiederbetreten der Trittplatte läßt sich der Fahrantrieb erst über die Nullstellung neu einschalten. Die gelenkig mit dem Gestell verbundene Trittplatte dient daher als Bremshebel. Bild 6 zeigt den Fahrerstand mit den Lenk- und Schalthebeln.

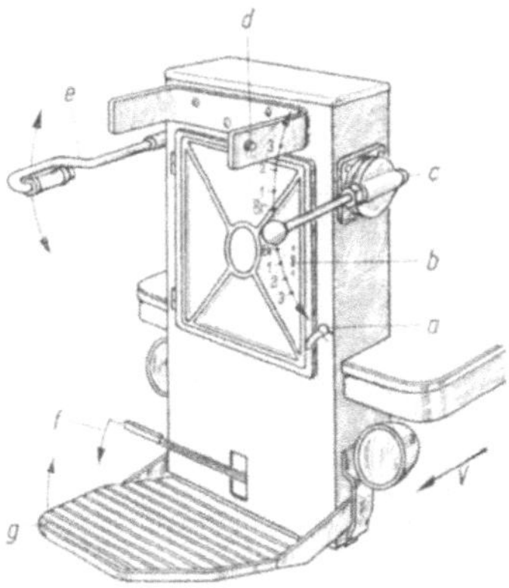

8. Antrieb. Das Fahrzeug wird mit einem federnd aufgehängten Gleichstrommotor über ein Ausgleichgetriebe über die ebenfalls abgefederte Hinterachse angetrieben. Als *Fahrschalter* dient ein Walzenschalter mit je drei Fahrstufen und je einer Stufe der Widerstandsbremse für Vor- und Rückwärtsfahrt. Der Schalthebel ist bei Vorwärtsfahrt nach unten, bei Rückwärtsfahrt nach oben

Bild 6. Fahrerstand des Elektrokarrens (ME). *a* Hauptschalter; *b* Schaltschrankschloß; *c* Fahrschalter mit Schalthebel; *d* Signal-Druckknopf; *e* Lenkhebel; *f* Fußbremse; *g* Trittplatte, in Pfeilrichtung als Standbremse wirkend; *v* Pfeilrichtung Vorwärtsfahrt.

langsam von Stufe zu Stufe durchzuschalten. Die elektrische Bremse wirkt, wenn der Schalthebel von der jeweiligen Fahrstellung aus über die Null-Stellung hinaus bis zum Anschlag durchgezogen wird.

Die elektrische Einrichtung, Fahrschalter, Motorsicherung, Signalhorn und Beleuchtung, sitzt im Innern des Schaltschrankes. Das Fahrzeug kann nur mit einem Schaltschlüssel gefahren werden. Die Batterie wird durch teilweises Abheben der Plattform oder von der Seite des Fahrgestelles zugänglich. Sie wird nach Schichtende an ein Ladegerät angeschlossen. Für Zweischichtbetrieb und bei voller Nutzung des Fahrzeuges sind Wechselbatterien vorteilhaft.

9. Elektrokarren mit Fahrersitzlenkung (EFW). Wesentlich bequemer und daher weniger ermüdend für den Fahrer ist der Elektrokarren mit Fahrersitzlenkung (EFW) (Bild 7). Das mit einem Schutzdach ausrüstbare Führerhaus bietet auch dem Beifahrer einen Sitzplatz. Heute gehen selbst kleinere Betriebe immer mehr zu Wagen mit Fahrersitzlenkung über, deren kleinste Baugrößen 2 Mp tragen können.

Abweichend von der Gangschaltung beim ESW besteht der Fahrschalter aus zwei Schaltwalzen, und zwar der handbetätigten Gangschaltwalze und der fußbetätigten Vorschaltwalze. Die Gangschaltwalze besitzt drei Raststellungen für Vorwärts- und zwei Stellungen für Rückwärtsfahrt. Die Hauptfahrstufen werden durch sinnfällige Handhebelbewegungen erreicht. Die Vorschaltwalze schließt durch Freigeben des linken Pedals einen Anfahrwiderstand in mehreren Stufen kurz. Beide Schaltwalzen sind mechanisch gegeneinander verriegelt, so daß die Hauptschaltwalze nur in Null-Stellung der Vorschaltwalze, d. h. bei niedergetretenem Fahrpedal, betätigt werden kann. Der Fahrschalter selbst befindet sich unterhalb der Sitze.

Die VDI/AWF-Fachgruppe Förderwesen hat das Typenblatt für Wagen (Karren) und Schlepper, VDI 2197, geschaffen, das alle wesentlichen Angaben, die den Wagenhalter und Benützer interessieren, aufführt. Das Typenblatt für Wagen gleicht in gewisser Weise dem Typenblatt für Gabelstapler (Tab. 7, S. 18).

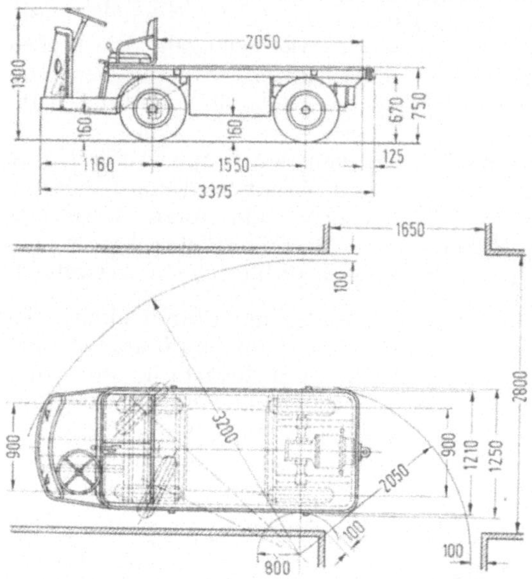

Bild 7. Elektrokarren vom Typ EFW mit einer Tragkraft von 2 Mp (ME) mit Luftbereifung, ausgestattet mit einer Batterie 5 GiS 20, mit eingetragenen kleinsten Wenderadien im Arbeitsgang.

Bild 8. Übliche Gabelhubwagen zum Ziehen mit der Hand (HU) mit ihrer Tragkraftstufung, der Radausrüstung und den Eigengewichten der Fahrzeuge.

Tragkraft Q kp	Gabellang. l mm	Gabelrollen			Lenkräder			Gewicht kg
		Zahl	d_1 mm	s_1 mm	Zahl	d_2 mm	s_2 mm	
1200								91
1600	1000							128
2000	oder	1	85	92	2	200	50	138
2500	1120							165
3000		2	85	62		180	75	185

C. Wagen mit Hubeinrichtung

10. Gabelhubwagen. Sie dienen zum Aufheben und Fördern von beladenen Paletten, sind aber nicht dafür geeignet, diese zu stapeln. Sie werden ohne und bei größeren Tragkräften mit batterie-elektrischem Antrieb gebaut. Von Hand können bei guten Bodenverhältnissen Gabelhubwagen mit Belastung bis 3000 kp durchaus noch gut bewegt werden. Da die handgezogenen Gabelhubwagen (HU) mit ihren kleinen Wenderadien — die kleinsten von allen Flurförderern — in sehr schmale Gänge einfahren können und außerdem sehr leicht sind, werden sie viel benutzt. Bild 8 zeigt einen Gabelhubwagen vom Typ HU (Tragkraft 1200 bis 3000 kp).

Die Gabelhubwagen haben eine Hydraulik, die durch Pumpen mit der Deichsel über ein Schubgestänge die Gabeln gegenüber den Gabelrollen auf die erforderliche Höhe von $\approx$ 195 mm anhebt. Durch Öffnen eines Ventils im Druckzylinder mit einem Fußhebel werden die Gabeln zum Absetzen der Last gesenkt.

Die Gabelformen und -abmessungen spielen bei den Fahrzeugen, die zur Aufnahme und zum Bewegen der Paletten bestimmt sind, eine wichtige Rolle, weil das einwandfreie Arbeiten des Gabelhubwagens bei Palettenformen mit Fenstern in der Bodenplatte (AmF, BmF, CmF nach DIN 15141) durch entsprechende Anschläge gesichert sein muß.

D. Gabelstapler

Die wichtigsten Flurförderzeuge sind heute die Gabelstapler. Sie gestatten, Transport- und Stapelarbeiten von Gütern aller Art gleichzeitig durchzuführen. Schwer zu handhabende Stücke können mit Zusatzgeräten erfaßt, gehoben, gefördert und gestapelt werden. Im allgemeinen werden Gabelstapler aber für Massengüter, Baugruppen, schwere Werkstücke und Maschinen verwendet, die auf Paletten bereitgestellt sind und deshalb mit den Zinken einer Gabel unterfahren werden können. Die Gabelstapler werden im Einsatz dann unwirtschaftlich, wenn der Anteil der reinen Transportarbeit gegenüber der Hubarbeit zu groß wird.

11. Baugrößen. Die bestimmende Kenngröße der Gabelstapler ist, wie bei allen Fahrzeugen, die Tragkraft. Sie ist im Bereich zwischen 0,5 und 3 Mp mit je 0,5 Mp gestuft. Die Mehrzahl der Gabelstapler trägt zwischen 2 und 3 Mp; in den Klein- und Mittelbetrieben liegt die geeignete Tragkraft bei 1 bis 2 Mp. Das hat seinen Grund z. T. darin, daß Paletten mit 1000 kp den wesentlichen und bedeutendsten Umfang des Transportgutes ausmachen und außerdem auch die Deckentragkraft der Gebäude eine wichtige Rolle spielt.

12. Bauarten. Im allgemeinen haben Gabelstapler vier Räder, wobei Zwillingsbereifung oder Mehrfachbereifung der hinter dem Hubgerüst befindlichen lagefesten Achse, der Lastachse, insbesondere bei schweren Gabelstaplern die Regel ist. Die Spurweite der Hinterräder entspricht etwa der der Vorderräder. Daneben gibt es eine Dreiradbauweise, bei der die Lenkung auf ein Rad oder Zwillingsrad (Bild 9a) zusammengeschrumpft ist. Diese *Drehschemellenkung* verbessert die Wendigkeit wesentlich gegenüber der Einzelradlenkung der auf den Achsschenkeln sitzenden beiden Lenkräder der Vierradbauweise.

13. Lenkung. Bei der Drehschemellenkung zeigt die senkrechte Achse, um die sich beim Lenkeinschlag das Rad dreht, auf dessen Bodenberührungspunkt. Der Lenkeinschlag ist beidseitig bis 90° möglich, wodurch sich der Stapler am Ort, d. h. um sich selbst zu drehen vermag; Drehpunkt wird dabei die Mitte der Lastachse. Die Dreiradbauweise stützt sich also auf eine Drehschemellenkung, wobei das Lenkrad zugleich Antrieb sein kann. Diese Ausführung ist wegen der guten Wendigkeit immer häufiger anzutreffen. Die Lenkung arbeitet über ein Kettensystem, wobei eine Sperre die Fahrstöße vom Steuerrad fernhält. Bei der Vierradbauweise wird vielfach die hydraulische Spindellenkung verwendet, bei der die Lenkwelle nicht unmittelbar durch die mit dem Steuerrad verbundene Gewindespindel, sondern durch ein hydraulisches System gedreht wird.

14. Fahrgestell. Es dient zur Aufnahme des Antriebes, der Räder mit der Lenkung, es trägt das Hubgerüst und dessen Hydraulik sowie die Batterie. Die verhältnismäßig schwere Batterie ist leicht auswechselbar (Bild 9b). Die Lastachse ist ungefedert, da eine Federung die Standsicherheit vermindert. Selbst die Lenkräder sind vielfach ungefedert. Fahrstöße, gegen die die Batterie sehr empfindlich ist, werden auch bei Vollgummibereifung noch wirksam genug gedämpft. Das Fahrgestell ist gut verkleidet und bietet dem Fahrer einen bequemen Sitzplatz mit guter Übersicht.

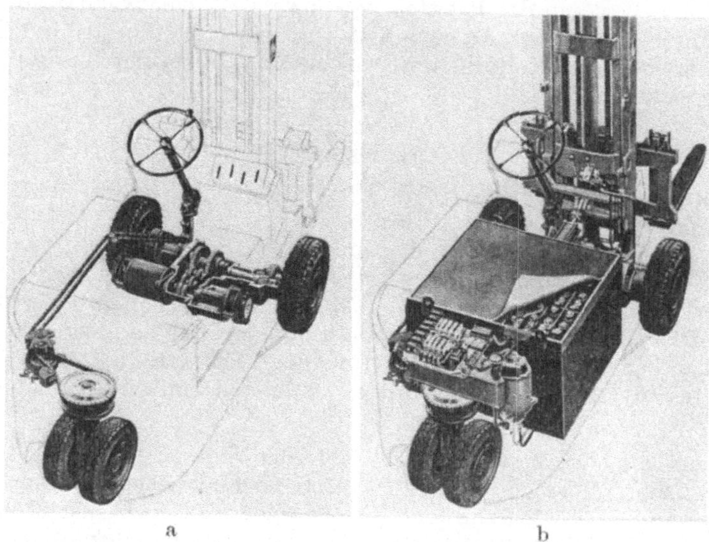

a   b

Bild 9. Gabelstapler (EFG) mit Vorderradantrieb (Still).
a) Getrennter Antrieb auf jedes der beiden Vorderräder mit Vollgummibereifung, Gleichstrommotoren mit Schrägzahnrädergetriebe; Drehschemellenkung auf Zwillings-Hinterrad (luftbereift) über ein Kettengetriebe vom Steuerrad aus.
b) Fahrgestell mit angebautem Hubwerk und eingesetzter Batterie; die Hydraulik besteht aus der Ölpumpe zwischen Batterie und Drehschemel, dem Ölbehälter (über dem Drehschemel), den Rohrleitungen, dem Steuerblock mit den Kugelgriffen (neben dem Steuerrad) und dem Hubzylinder im Hubgerüst, sowie dem Neigezylinder.

15. Antrieb. Bei den kleinen Gabelstaplern in Dreiradbauweise treibt ein senkrecht, unmittelbar in der Drehachse stehender Spezial-Gleichstrommotor das hintere Rad, das also zugleich Lenk- und Antriebsrad ist, über ein Getriebe an. Bei den Gabelstaplern größerer Leistung werden die Räder der Lastachse angetrieben, wobei ein Ausgleichsgetriebe für den gemeinsamen Motor vorgesehen ist, oder es werden getrennte, unabhängig voneinander steuerbare Motoren eingebaut, wie das Bild 9a zeigt. Die Motoren sind dann in den ersten Fahrstufen in Reihe geschaltet und wirken als „elektrisches Differential". In den höheren Fahrstufen wird bei Kurvenfahrten der kurveninnere Motor selbsttätig abgeschaltet und der andere Motor zieht den Stapler am längeren Hebelarm.

Für die Motoren werden im allgemeinen Walzenschalter verwendet. Zum stoßfreien Anfahren und Halten sind aber Schütze besser, sofern nicht Beschleunigungsschalter mit Thyristoren benützt werden. Dies gilt insbesondere für die Stromumschaltung bei Änderung der Fahrtrichtung.

Für das Regeln der Fahrgeschwindigkeit wird bei den im Typenblatt für Gabelstapler (Tab. 7, S. 18) eingetragenen Fahrzeugen ein Kohle-Ringschalter verwendet. Bei diesem verändert sich durch Druck auf eine Säule aus Kohlescheiben der Widerstand für den Stromdurchgang. Der Druck wird durch das Fahrpedal erzeugt. Die Fahrgeschwindigkeit ist also in gleicher Weise wie bei den Kraftfahrzeugen im Straßenverkehr durch Niedertreten des Pedals regelbar.

16. Hubwerk. Das Hubwerk besteht aus einem senkrechten, in einem kleinen Winkelbereich vor- und rückwärts neigbaren Gerüst, dem rollengeführten Hubschlitten mit den Gabeln oder anderen Anbaugeräten und einer hydraulischen

Bewegungseinrichtung. Die Gleitschienen des einfachen oder gestuft ausfahrbaren Hubgerüstes sind U-Profile. Das Hubgerüst wird je nach vorgesehener Stapelhöhe verschieden ausgeführt, wie die Tab. 6 an einigen Beispielen zeigt. Die niedrigste Bauhöhe während des Fahrens von Arbeitsplatz zu Arbeitsplatz ist durch die übliche lichte Höhe der Türen und Räume bestimmt. Erst am Arbeitsplatz wird das Hubwerk ausgefahren.

Tabelle 6. *Hubwerke für Gabelstapler*

<table>
<tr><th rowspan="2" colspan="2">System</th><th colspan="2" rowspan="2">Einfach</th><th colspan="6">Teleskop</th></tr>
<tr><th colspan="2">zweifach</th><th colspan="2">zweifach, Sonderbauweise</th><th colspan="2">dreifach</th></tr>
<tr><td colspan="2">Radausstattg d Fahrgestells</td><td>3-Rad</td><td>4-Rad</td><td>3-Rad</td><td>4-Rad</td><td>3-Rad</td><td>4-Rad</td><td>3-Rad</td><td>4-Rad</td></tr>
<tr><td rowspan="3">Hubgerüst</td><td>Außenmast</td><td colspan="2">●</td><td colspan="2">●</td><td colspan="2">●</td><td colspan="2">●</td></tr>
<tr><td>Zwischenmast</td><td colspan="2"></td><td colspan="2"></td><td colspan="2"></td><td colspan="2">●</td></tr>
<tr><td>Innenmast</td><td colspan="2"></td><td colspan="2">●</td><td colspan="2">●</td><td colspan="2">●</td></tr>
<tr><td rowspan="2">Hydraulik</td><td>einfach</td><td colspan="2">●</td><td colspan="2">●</td><td colspan="2"></td><td colspan="2"></td></tr>
<tr><td>dopp. wirkend</td><td colspan="2"></td><td colspan="2"></td><td colspan="2">●</td><td colspan="2">mit 2 getrenn-● ten Zylind</td></tr>
<tr><td colspan="2">Bauhöhen mm</td><td colspan="2">1800...2200</td><td colspan="2">1800...2200</td><td>1800...2500</td><td>1800...2200</td><td>1800...2500</td><td>1800...2500</td></tr>
<tr><td colspan="2">Freihub</td><td colspan="2">groß</td><td colspan="2">klein, 150...300 mm</td><td colspan="2">groß</td><td colspan="2">groß</td></tr>
<tr><td colspan="2">Freihub / Bauhöhe</td><td colspan="4">≈ 0,65</td><td colspan="4">≈ 0,70</td></tr>
<tr><td colspan="2">Hubhöhe / Bauhöhe</td><td>≈ 0,80</td><td>≈ 0,70</td><td>≈ 1,45</td><td>≈ 1,30</td><td>≈ 1,50</td><td>≈ 1,30</td><td>≈ 2,30</td><td>≈ 2,50</td></tr>
<tr><td colspan="2">Tragkraftfaktor</td><td colspan="2">1</td><td colspan="2">1</td><td colspan="2">1</td><td colspan="2">0,85</td></tr>
<tr><td colspan="2">Allgemeine Verwendung</td><td colspan="2">für Fördergut, das nur wenig angehoben und niedrig gestapelt werden muß</td><td colspan="2">meist verw. Konstruktion in Werkstätten u. Lagern. Wegen d. kleinen Freihubes ist bei niedrigen Decken keine gute Raumnutzung gegeben.</td><td colspan="2">zum Stapeln unter niedrigen Decken, in Eisenbahnwagen und dergleichen</td><td colspan="2">für Lager bei großer Hubhöhe, aber auch zum Beladen von Eisenbahnwagen</td></tr>
</table>

a) Einfachhubwerk. Ein im Verhältnis zur Hubmasthöhe etwa halb so langer Hubzylinder steht fest im Fuß des Hubwerkes und der Kolben trägt am Kopf zwei Kettenräder, die beim Aufwärtsbewegen gewissermaßen in zwei Rollenketten ablaufen. Die Ketten sind einerseits am Fuß des Hubwerkes und andererseits am Hubschlitten befestigt, so daß beim Ausfahren des Kolbens der Hubschlitten in der Führungsbahn des Mastes nach oben gezogen wird. Kolben und Schlitten bewegen sich dabei im Verhältnis 1:2 bezüglich Hubhöhe und Geschwindigkeit.

b) Hubwerk mit Zweifachmast. Es besteht aus einem Außenmast und einem in diesem mit Rollen geführten Innenmast und dem Hubschlitten. Der Hubzylinder sitzt fest im Fuß des Außenmastes, und der Kolben ist mit dem oberen Joch des Innenmastes verbunden, so daß beim Betätigen der Hubhydraulik der Innenmast ausfährt. An der Querverbindung in der Höhe des Kolbenkopfes befinden sich auch hier zwei Kettenräder, die wie beim Einfachhubwerk in den einendig festgelegten Ketten abrollen und dabei den Hubschlitten, der mit den anderen Kettenenden verbunden ist, im Innenmast nach oben ziehen. In Bild 10 sind drei verschiedene Zustände der Hubbewegung zu sehen: Grundstellung, Freihub und größte Ausfahrhöhe.

Das Hubwerk mit Zweifachmast ist die allgemein übliche Ausführung, die aber nur einen kleinen Freihub zuläßt. Er beträgt das Doppelte des Rückstandes zwischen oberer Innenmastkante zur Außenmastkante in Ruhestellung und hat nur eine Länge von 75 bis 150 mm, um dem System eine große Hubhöhe zu geben.

c) Hubwerk mit Dreifachmast. Für besonders große Stapelhöhen wird eine Ausführung benützt, die mit zwei Hubzylindern und mit drei Masten arbeitet (Bild 11). Sie ist gewissermaßen eine Verbindung vom Einfachhubwerk mit dem Hubwerk mit Zweifachmast. Der Innenmast trägt in seiner unteren Querbrücke den kurzen Hubzylinder und bringt den Hubschlitten wie beim Einfachhubwerk bis zum Anschlag in die obere Grenzstellung ohne Veränderung der Gerätehöhe. Diese Stellung entspricht also dem Freihub, der so groß ist wie beim Einfachhubwerk. Im weiteren Verlauf des Anhebens wird der Zwischenmast wie

Bild 10. Hubwerk mit Zweifachmast in üblicher Ausführung.
a) Hubschlitten gegenüber der Grundstellung leicht angehoben, so daß die Gabeln die Bodenfläche der Gitterboxpalette soeben berühren; b) Hubschlitten in Stellung „Freihub". Der Freihub h_2 entspricht der Höhe r, um die der Schlitten angehoben werden kann, ohne daß der Innenmast aus dem Außenmast heraustritt; c) Hubschlitten in größter Hubhöhe h_3. (Der weitere Überstand der Gitterboxpalette über das Maß h_4, der Höhe bei völlig ausgefahrenem Innenmast ist zu beachten!) m Außenmast; i Innenmast; s Hubschlitten; g Gabeln; p Gitterboxpalette; z Zylinder; k Kolben; l Rollenkette.

beim Hubwerk mit Zweifachmast ausgefahren. Der kurze, zuerst arbeitende Hubzylinder ist durch eine bewegliche Druckölleitung mit der Pumpe verbunden, um der Bewegung folgen zu können.

d) Hubwerk in Sonderbauweise (Bild 12). Diese Ausführung, von der Fa. Still als NiHo-System bezeichnet, beruht darauf, daß ein doppeltwirkender Zylinder, am Innenmast befestigt, beim Betätigen der Hydraulik zunächst einen allerdings stabil geführten Kolben nach oben austreten läßt und damit den Hubschlitten aufwärts bewegt. Wenn sich dieser Kolben in der Grenzstellung befindet, schiebt ein zweiter Kolben den Innenmast mit dem Hubschlitten in Hochlage unmittelbar nach oben. Die Ausführung hat gegenüber dem Hubwerk mit Zweifachmast den Vorteil, daß der Hubschlitten mit der von ihm getragenen Last immer an der Mastspitze steht und damit eine volle Raumnutzung in Lagern mit begrenzter Deckenhöhe zuläßt.

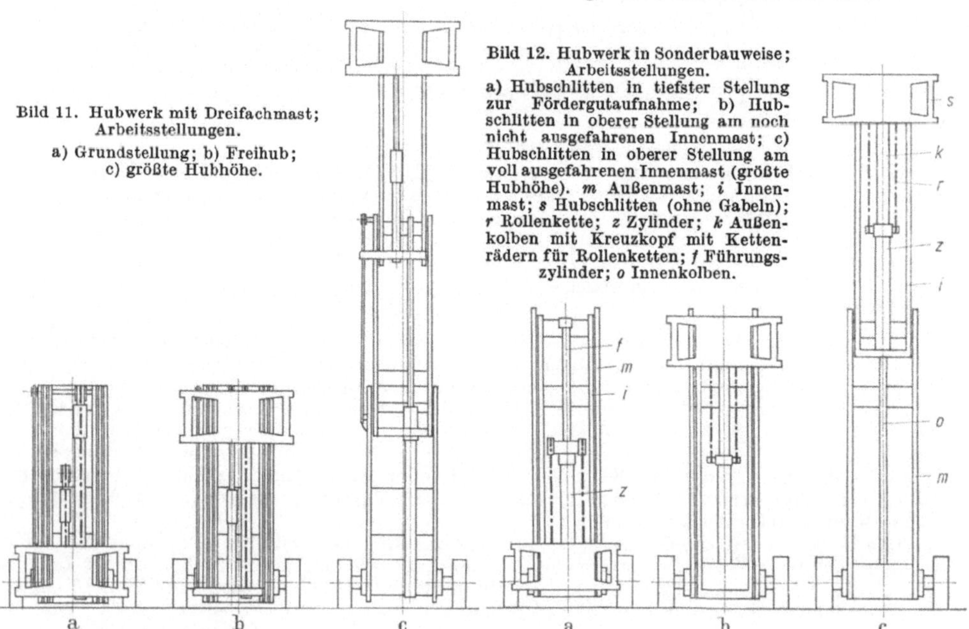

Bild 11. Hubwerk mit Dreifachmast; Arbeitsstellungen.
a) Grundstellung; b) Freihub; c) größte Hubhöhe.

Bild 12. Hubwerk in Sonderbauweise; Arbeitsstellungen.
a) Hubschlitten in tiefster Stellung zur Fördergutaufnahme; b) Hubschlitten in oberer Stellung am noch nicht ausgefahrenen Innenmast; c) Hubschlitten in oberer Stellung am voll ausgefahrenen Innenmast (größte Hubhöhe). m Außenmast; i Innenmast; s Hubschlitten (ohne Gabeln); r Rollenkette; z Zylinder; k Außenkolben mit Kreuzkopf mit Kettenrädern für Rollenketten; f Führungszylinder; o Innenkolben.

17. Anbaugeräte. Zum Fördern von Gut, das nicht wie die Paletten mit der Gabel unterfahren werden kann, gibt es Anbaugeräte, die eine vielseitige Anwendung der Gabelstapler zulassen. Bild 13 zeigt einige davon.

Ein anderes Anbauteil, das dem Schutz des Fahrers dient, ist das Schutzdach oder Schutzgitter (Bild 13e).

18. Standsicherheit. Die Stapler sind auf Kippen gefährdet, da sich ihr Schwerpunkt im Betrieb gegenüber einer Normallage wesentlich ändert. Die Einflüsse auf die Standsicherheit sind:

Mastdurchbiegung und *Verwindungssteife*, nur teilweise konstruktionsabhängig, *Reifeneinfederung*, abhängig vom Luftdruck bei Luftreifen und der Reifenabnutzung, *Lastbewegung*, insbesondere beim Senken der Last von der größten Hubhöhe in die Stapelhöhe durch Auslösen von Verzögerungskräften, die die Gewichtskraft des Stapelgutes erheblich überlagern können.

Da die Faktoren in hohem Grade bedienungsabhängig sind, müssen bei der Arbeit mit den Staplern beachtet werden:

die Betriebs- und Verkehrsbestimmungen der Unfallverhütungsvorschrift VGB 12a für Flurförderzeuge des Hauptverbandes der gewerblichen Berufsgenossenschaften und

die Dienstanweisung für den Fahrer von Flurförderzeugen AWF 29.

Die VGB 12a fordert, daß die Flurförderzeuge nach den Regeln der Technik gebaut sein müssen; es wird dabei auf DIN 15138, Standsicherheit, verwiesen. Einheitlich festgelegte Prüfungen für die Standsicherheit bei Gabelstaplern gewährleisten, daß diese Fahrzeuge durchweg eine gleiche Mindestsicherheit im betrieblichen Verhalten besitzen. Im Bild 14 sind die vier Versuche für den zu erbringenden Nachweis zusammengestellt, denen die Stapler genügen müssen.

Die Standsicherheit S errechnet sich aus dem Verhältnis des Standmomentes $G\,z$ zum Lastmoment $Q\,(c + x)$, bezogen auf die Verbindungslinie der Bodenberührung der Lasträder als Kippkante. Es ist also

$$S = \frac{G\,z}{Q\,(c + x)} > 1\,, \text{ im allgemeinen } 1{,}2 \text{ bis } 1{,}5\,.$$

Bei großen Hubhöhen mit geringfügigen seitlichen Abweichungen der Mastneigung von der Senkrechten fällt die Sicherheit ab, und bei der Arbeit kann nicht mehr die volle Nennlast ausgenutzt werden.

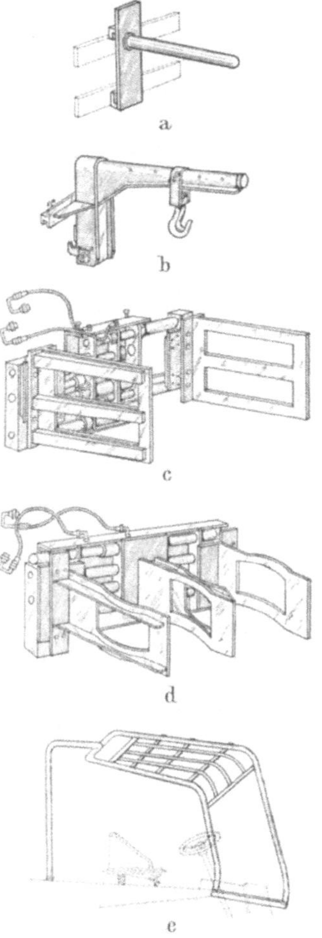

Bild 13. Anbaugeräte für Gabelstapler. a) Tragdorn zum Einhängen in den Hubschlitten; b) Kranarm mit drehbarem Lasthaken, in der Entfernung einstellbar auf dem Ausleger; c) Ballenklammer mit ebenen Klammerbacken, hydraulisch betätigt; d) Faßklammer mit ausgebauchten Backen, hydraulisch betätigt; e) Anbaugestell für Gabelstapler zum Schutz des Fahrers gegen Fördergut, das beim Stapeln fallen könnte.

Gabelstapler müssen die höchstzulässige Belastung für mindestens drei Lastschwerpunktabstände auf einem Schild aufweisen. Die Hersteller geben meist ein Diagramm, aus dem die den Lastschwerpunktabständen zugeordneten Betriebslasten abgelesen werden können (Bild 15). Bei Abständen, die kleiner sind als das übliche Nennmaß c, darf jedoch nur die Nennlast aufgenommen werden, um die Tragkraft nicht zu überschreiten.

Der Fahrer kann die Lasten nicht immer richtig abschätzen, und es werden oft zu große Lasten aufgenommen. Um dies zu verhindern, empfiehlt sich ein Gewichtsanzeiger, der am Mast des Staplers angebracht und an die Hydraulik des Hubzylinders angeschlossen wird.

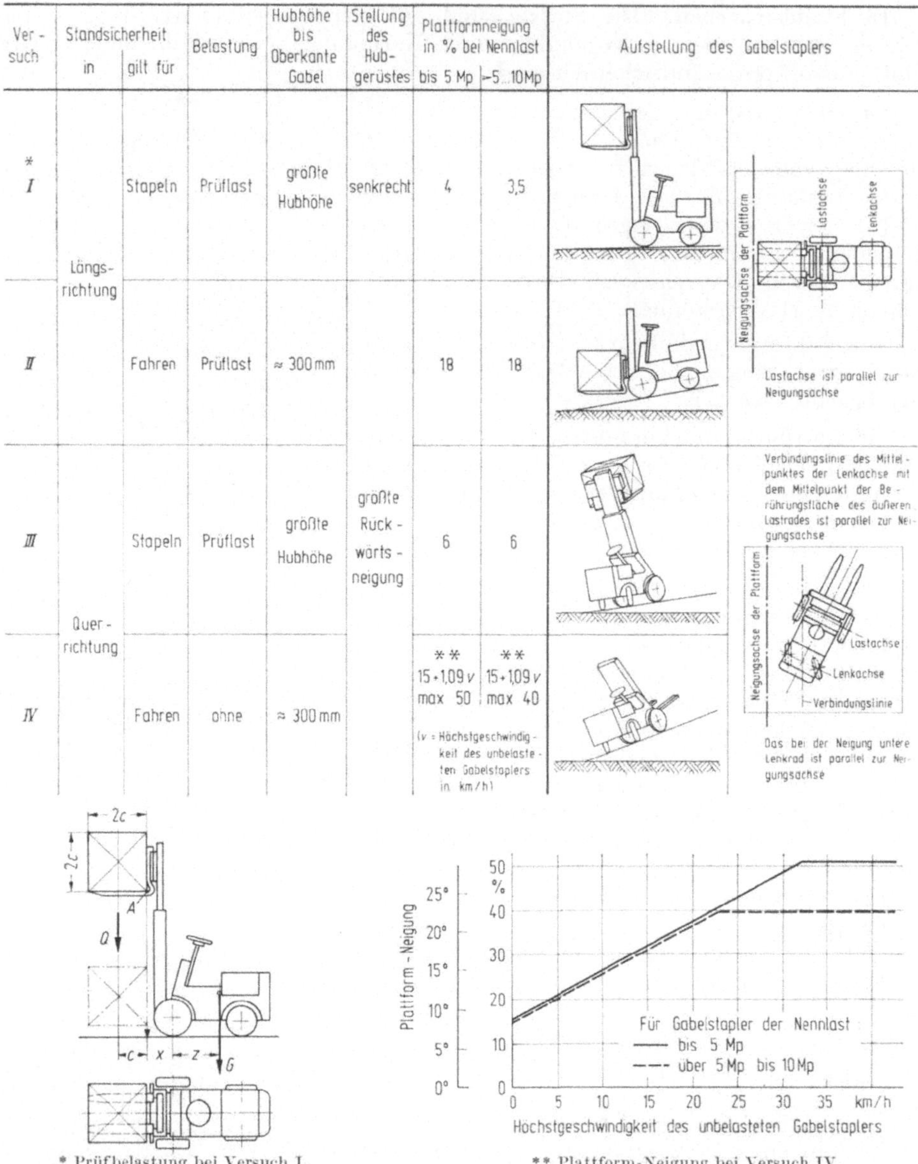

Versuch	Standsicherheit in	Standsicherheit gilt für	Belastung	Hubhöhe bis Oberkante Gabel	Stellung des Hubgerüstes	Plattformneigung in % bei Nennlast bis 5 Mp	Plattformneigung in % bei Nennlast >5...10Mp	Aufstellung des Gabelstaplers
*I	Längsrichtung		Stapeln	Prüflast	größte Hubhöhe	senkrecht	4	3,5	
II			Fahren	Prüflast	≈ 300 mm		18	18	
III	Querrichtung		Stapeln	Prüflast	größte Hubhöhe	größte Rückwärtsneigung	6	6	
IV			Fahren	ohne	≈ 300 mm		** 15+1,09 v max 50	** 15+1,09 v max 40	

* Prüfbelastung bei Versuch I.   ** Plattform-Neigung bei Versuch IV.

Bild 14. Versuchsbedingungen zum Nachweis der Standsicherheit von Gabelstaplern nach DIN 15138.

19. Typenblatt für Gabelstapler. Die VDI/AWF-Fachgruppe Förderwesen hat ein Typenblatt für Gabelstapler, VDI 2198, ausgearbeitet, in welchem die wesentlichen Kennzeichen, Abmessungen, Leistungen usw. aufgeführt sind (Tab. 7). Das Typenblatt wird auch von den Herstellern in Prospekten weitgehend zugrunde gelegt. Es gestattet bei verschiedenen Staplern einen guten Vergleich der interessierenden Merkmale. In das Typenblatt sind die Daten von drei Gabelstaplern in Kurzbauweise eingetragen, die eine systematische Stufung erkennen lassen und wobei die Angaben nur als Beispiele zu betrachten sind. Ergänzt sind die letzten frei verfügbaren Zeilen des Typenblattes mit wirtschaftlichen Eintragungen der Fahrzeug- und Betriebskosten.

Bild 16 (S. 19) zeigt die Arbeitsmöglichkeit der drei Gabelstapler im Raum, ihre Wendigkeit. Abhängig von der Palettengröße sind die notwendigen Gangbreiten für linear-parallele Einlagerung, weiterhin die Gangbreiten für das Fahren um die Ecke und das vollständige Wenden gegeben.

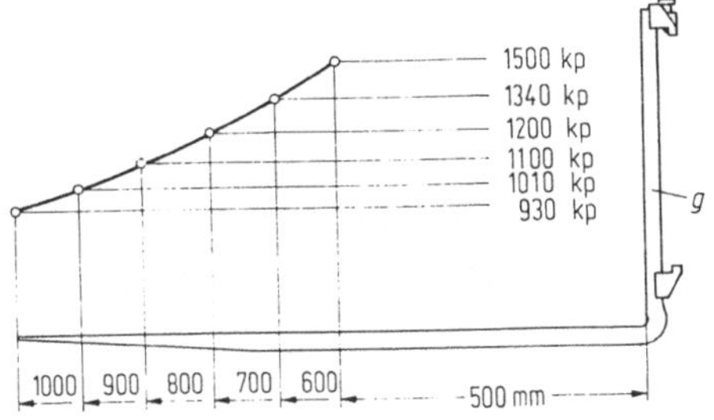

Bild 15. Last-Lastabstandsdiagramm für den Gabelstapler EFG 1,5 Mp (drittes eingetragenes Beispiel in der VDI 2198, Tab. 7). Die Kurve ist ein Abschnitt der gleichseitigen Hyperbel in bezug auf ein rechtwinkliges Achsenkreuz, dessen Senkrechte durch den Schnittpunkt der Symmetrieebene des Gabelstaplers mit der Kippkante (Bodenberührungslinie der Lasträder) geht. g Gabel.

E. Gabelhochhubwagen

20. Gabelhochhubwagen (HV). Sie zählen zu den Staplern, da sie ein Hubwerk haben, das zum Stapeln geeignet ist. Es handelt sich bei diesen Typen um die kleinsten und leichtesten Stapler. Der Gabelhochhubwagen ist ein sicher gestützter Stapler, der kaum durch Kippen gefährdet ist, mit einer Tragkraft bis 1000 kp (Bild 17). Solche Geräte können gut mit der Hand bedient werden.

Das hydraulisch arbeitende Hubwerk wird durch mehrfaches Treten auf das umklappbare Pedal einer Pumpe ausgefahren. Die einfachere Schnellhubeinrichtung erlaubt, den Hubvorgang des nicht oder gering belasteten Schlittens auf die halbe Zeit zu verringern. Das nicht neigbare Hubgerüst wird in den Ausführungen mit Einfach- oder Teleskopmast hergestellt. Zwei senkrechte Griffstangen dienen zur Fortbewegung. Der Gabelhochhubwagen hat eine hohe Tragkraft im Verhältnis zum Eigengewicht. Das Fahrwerk besteht aus kugelgelagerten Kunststoffrollen in den Auslegern und vollgummibereiften durchschwenkbaren, im Durchmesser wesentlich größeren Lenkrädern.

21. Gabelhochhubwagen (EGV). Die Möglichkeiten der Abwandlungen bei den Gabelhochhubwagen sind vielfältig. Es gibt Gabelhochhubwagen vom Typ HV, die also vom Fahrer selbst verschoben werden, aber mit einem netzgespeisten elektrischen Hubwerk arbeiten. Am meisten verbreitet sind die Gabelhochhubwagen des Typs EGV, deren Tragkraft über 1000 kp hinausgeht. In Bezug auf die Anordnung von Lenk- und Antriebsrad kann dieses symmetrisch mittig im Gerät oder aber, wie im Bild 18 (S. 20) dargestellt, rechts seitlich sitzen, womit das Fahrzeug bei rechtshändiger Deichselführung etwas bequemer durch schmale Gänge geleitet werden kann.

Zum besseren Abstützen des Gabelhochhubwagens dient dann ein Hilfslenkrad. Im Deichselkopf sitzt ein Drehschalter für Vor- und Rückwärtsfahrt. Die Bremse wirkt selbsttätig in beiden Grenzlagen der Deichsel, horizontal und vertikal, wobei gleichzeitig der Fahrstrom unterbrochen wird. Die Deichsel kann nach jeder Seite um 90° eingeschlagen werden, die Fahrgeschwindigkeit ist stufenlos bis 6 km/h regelbar. Mit Einfachmast sind Hubhöhen bis 1,6 m, mit Teleskopmast bis 2,5 m erreichbar, also recht beachtliche Höhen.

22. Gabelhochhubwagen mit Fahreraufzug. Diese Geräte können wahlweise als Frontstapler und als Regalbedienungsgeräte eingesetzt werden. Sie sind in

Flurförderzeuge

Tabelle 7. *Typenblatt für Gabelstapler (Flurförderzeuge)* (VDI 2198, Ausgabe Dez. 1960)[1]

Herstellerangaben und Ausführungsmerkmale | Aufstellung nach Herstellern · Typen · Arten

Gruppe	Nr.	Bezeichnung	Erläuterung	Einheit	H. Still GmbH		H. Still GmbH		H. Still GmbH	
Kennzeichen	1	Hersteller	(Kurzbezeichnung)		H. Still GmbH		H. Still GmbH		H. Still GmbH	
	2	Typ	Typenzeichen des Herstellers		EFG 1001 V/1109		EFG 1201 V/1111		EFG 1501 V/1113	
	3	Tragfähigkeit	Q Hublast	Mp	1		1,2		1,5	
	4	bei Lastschwerp.	c Abstand	mm	500		500		500	
	5	Fahrantrieb	Elektro(Batterie), Diesel, Otto, Treibgas		Elektro (Batterie)		Elektro (Batterie)		Elektro (Batterie)	
	6	Lenkungsart	Hand-, Geh-, Stand-, (Fahrer) Sitz-Lenkung		Fahrersitzlenkung		Fahrersitzlenkung		Fahrersitzlenkung	
	7	Bereifung	V=Vollgummi, L=Luft vorn | hinten		V	V	V	V	V	V
	8	Räder (×=angetrieb.)	Anzahl vorn | hinten		2	1×	2	1×	2	1×
Abmessungen	9	Hub bei Einfach-	h_5 Hub	mm						
	10	Hub bei Dreifach-	h_3 Hub (Ni-Ho-Hubwerk)	mm	2700	3500	2700	3500	2700	3500
	11	Hubgerüst	h_2 Normalfreihub	mm						
	12		h_5 Sonderfreihub	mm	1160	1560	1160	1560	1160	1560
	13	Gabeldicke	s	mm	800×100×40		800×100×40		800×120×40	
	14	Neigung	des Hubgerüstes n. vorn α | n. hinten β ∢°		3	5	3	5	3	5
	15		L_2 Länge einschließlich Gabelrücken	mm	1616		1784		1912	
	16	Maße über alles	B Breite	mm	900		900		980	
	17		h_1 Höhe, Hubmast eingefahren	mm	1800	2200	1800	2200	1800	2200
	18		h_4 Höhe, Hubmast ausgefahren	mm	3355	4155	3355	4155	3355	4155
	19	Wenderadius	Wa bzw. Wa'	mm	1321		1489		1595	
	20	Lastabstand	x von Mitte Vorderachse	mm	295		295		317	
	21	Arbeitsgangbreite	Ast_3 bei Paletten 800×1200 | 1000×1200	mm	2616	2816	2784	2984	2912	3112
	22		Ast_4 bei Paletten 800×1200 | 1000×1200	mm	—	—	—	—	—	—
Leistungen	23	Standsicherheit	nach DIN 15138 ja/nein		ja		ja		ja	
	24	Geschwindigkeiten	Fahren mit | ohne Hublast	km/h	8,5	9,5	8	9	8	9
	25		Heben mit | ohne Hublast	m/s	0,18	0,28	0,15	0,27	0,14	0,25
	26		Senken mit | ohne Hublast	m/s	0,6	0,45	0,6	0,4	0,6	0,4
	27	Zugkraft	am Zughaken mit | ohne Hublast	kp	70	80	60	80	120	140
		max. Zugkraft	5-min-Zugkr b El Fzg mit | ohne Hubl	kp	200	330	270	330	300	500
	28	Steigvermögen	mit | ohne Hublast	%	4	6	3,5	5,5	4	6,5
	29	max. Steigvermög.	mit | ohne Hublast	%	6,5	14	6,5	13	6,5	16,5
Gew.	30	Eigengewicht	einschließlich Batterie (Zeile 43)	kg	2315		2560		2995	
	31	Achslast	mit Hublast vorn | hinten	kg	2885	430	3250	510	3865	630
Fahrwerk	32	Reifen	Anzahl vorn | hinten	Stck	2	1	2	1	2	1
	33		Abmessungen vorn "bzw.	mm	405/160–250		405/160–250		460/160–305	
	34		hinten "bzw.	mm	405/160–250		405/160–250		405/160–250	
	35	Radstand	y	mm	1093		1209		1325	
	36	Spurweite	Mitte Reifen vorn | hinten	mm	736	—	736	—	816	—
	37	Bodenfreiheit	an tiefster Stelle mit Hublast	mm	90		90		90	
	38		Mitte Radstand	mm	125		125		125	
	39	Bremsen	Betriebs-(Fuß), Feststellbremse (Hand)		Fuß	Hand	Fuß	Hand	Fuß	Hand
	40		mechanisch, hydraulisch		hydr.	mech.	hydr.	mech.	hydr.	mech.
Antrieb	41	Batterie	Art		6 GiS 400		8 Gi S 533		10 Gi S 666	
	42		Volt/Amperestd. (Kapazität b 5-stund Entlad) V/Ah		24	400	24	533	24	666
	43		Gewicht	kg	450		588		730	
	44	El-Motoren	Fahrmotor Stundenleistung	kW	2,2		2,2		3,0	
	45		Hubmotor Leistung in kW bei %ED		3,0 kW/AB 20% ED		3,0 kW/AB 20% ED		3,0 kW/AB 20% ED	
	46		Hersteller | Typ		—		—		—	
	47	Verbr.-Motor	Dauerleistung B nach DIN 6270	PS	—	—	—	—	—	—
	48		Drehzahl nach DIN 6270	n/min	—	—	—	—	—	—
	49		Takt | Zylinderzahl | Hubraum (cm³)		—	—	—	—	—	—
	50		Kraftstoffverbrauch	l/h	—		—		—	
	51	Kupplung	Art		—		—		—	
	52	Schaltung	Art des Schalters		Kohleringfahrschalter		Kohleringfahrschalter		Kohleringfahrschalter	
	53		Gangzahl bzw. Schaltstufen vor-/rückw		stufenlos	stufenlos	stufenlos	stufenlos	stufenlos	stufenlos
	54	Getriebe	Art		Stirnradgetriebe		Stirnradgetriebe		Stirnradgetriebe	
	55	Arbeitsdruck	für Anbaugeräte	atü	150		150		150	
Kosten	56	Kapitalanlage	Fahrzeug mit Bereifung	DM	15540		15950		16570	
	57		Batterie	DM	2877		3642		4466	
	58		Ladevorrichtung	DM	2305		2305		2305	
	59	Betriebskosten/h	bei 2400 Einsatzstunden/Jahr	DM/h	2,20		2,40		2,63	

Wiedergegeben mit Genehmigung des VDI-Verlages, Düsseldorf.

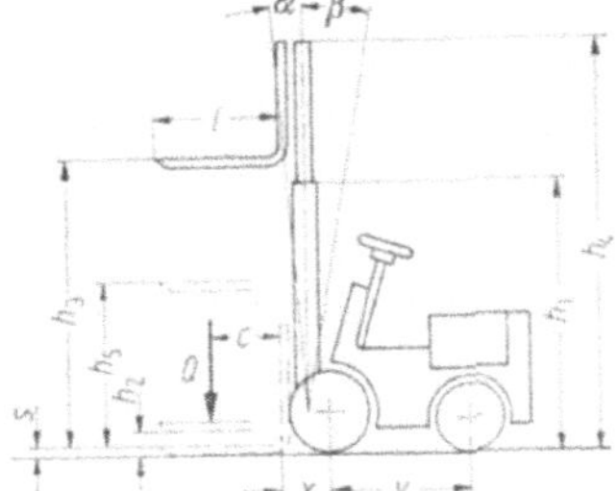

Zu Zeilen *3—4, 9—14, 16—18* und *20*.

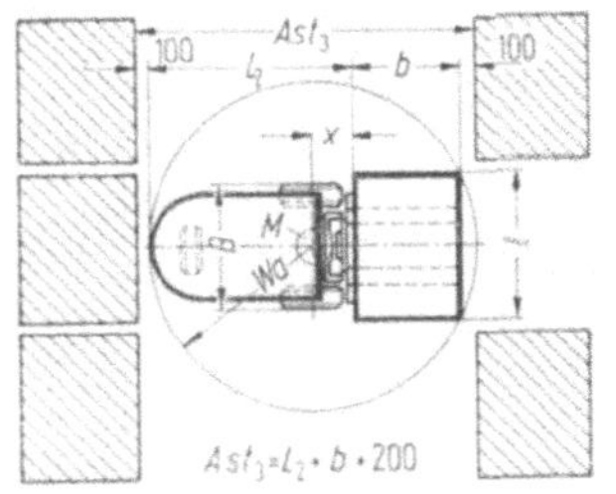

$Ast_3 = l_2 \cdot b \cdot 200$

Zu Zeilen *15, 19* und *21*. Dreiradstapler.

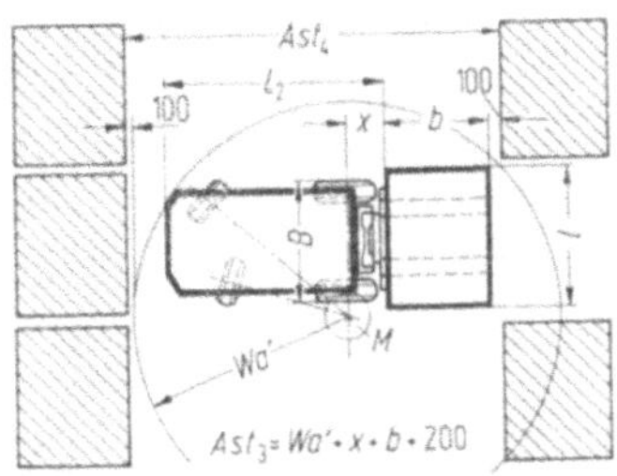

$Ast_3 = Wo' \cdot x \cdot b \cdot 200$

Zu Zeilen *15, 19* und *22*. Vierradstapler.

Bild 16. Erläuterungen zum Typenblatt, wiedergegeben mit Tab. 7.
Ast_3 bzw. Ast_4 Arbeitsgangbreite im Stapel; b Palettenbreite (z. B. 800 oder 1000 mm); l Palettenlänge (z. B. 1200 mm).

Zu Zeile 17: Bei senkrecht stehendem Mast und ohne Sonderausrüstung (Fahrerschutzdach u. ä.).

Zu Zeile 23: Zur Gewährleistung der Standsicherheit muß der Gabelstapler jedem der Versuche I bis IV nach DIN 15138 genügen.

Zu Zeile 27: a) Zugkraft bzw. 5-min-Zugkraft bei Elektro-Fahrantrieb: Der Gabelstapler muß die angegebene Zugkraft eine Stunde bzw. 5 Minuten lang auf ebener trockener Fahrbahn aufbringen. — b) Anfahrzugkraft bei verbrennungsmotorischem Fahrantrieb: Größte Zugkraft des Gabelstaplers bei niedrigstem Gang auf ebener trockener Fahrbahn.

Zu Zeile	Kennwert für	Elektro-Fahrantrieb	verbrennungsmotor. Fahrantrieb
		Erreichbare Steigung auf ebener trockener Fahrbahn bei Leistungsabgabe des Antriebs entsprechend	
28	Steigvermögen in %	30-Min.-Leistung (KB 30)	Leistung im Dauerbetrieb, jedoch $v \geqq 2$ km/h
29	max. Steigvermögen in %	5-Min.Leistung (KB 5) jedoch $v \geqq 2$ km/h	—

Bei den angegebenen Steigungs-Kennwerten muß der Gabelstapler an jedem Punkt der Steigung bei Berg- und Talfahrt sicher anhalten und wieder anfahren können.

Zu Zeile 31: Die Achslast bei ruhender Hublast wird bei normalem Freihub h_2 und bei Neigung des Hubgerüstes nach hinten gemessen.

Zu Zeile 42: Es ist die übliche zugehörige Batterie (-Kapazität) anzugeben; nach Möglichkeit auch die größte Batterie, die eingebaut werden kann.

Zu Zeile 50: Zur Feststellung des Verbrauchs: Der Gabelstapler hat eine Stunde lang in Vorwärtsfahrt mit Nennlast auf einer ebenen und trockenen Fahrbahn von 30 m Länge 30 Arbeitsspiele ohne Absetzen (Arbeitsspiel = Hinfahrt—Rückfahrt und 2 Hübe) zu fahren. An den Wendepunkten ist jeweils bei Stillstand des Staplers ein Hub von 2000 mm durchzuführen.

Zu Zeile 59: Die Annahmen der Lebensdauer sind hierbei bedeutsam. Es wurde bei den eingetragenen Beispielen ausgegangen von einer
Lebensdauer des Gabelstaplers: 10 Jahre
,,   der Bereifung: 2   ,,
,,   der Batterie: 3   ,,
,,   der Ladevorrichtung: 15   ,,
Die Gemeinkosten sind nur bezüglich des Ladens, der Wartung und des Reparaturdienstes erfaßt.

jenen Betrieben günstig, wo die Anschaffung eines Gabelstaplers und eines Regalbedienungsgerätes wegen zu geringer Auslastung unwirtschaftlich ist.

Die Arbeitsweise als Frontstapler entspricht der des üblichen Gabelhochhubwagens. Bild 19 auf S. 21 zeigt, daß im Hubschlitten ein Fahrkorb für den Lagerarbeiter eingebaut ist. Die Fahrbewegungen werden vom Deichselkopf aus, die Hubbewegungen wahlweise vom Fahrkorb oder vom Deichselkopf aus gesteuert. Darüber hinaus gibt es allerdings auch Geräte, deren Fahrbewegungen vom Fahrkorb aus gesteuert werden können.

Bei der Regalbedienung besteigt der Fahrer den Fahrkorb des seitlich zum Regal stehenden Wagens und fährt auf die gewünschte Höhe von Lagerfach zu Lagerfach.

Der Gabelhochhubwagen wird auch in der Breitspurausführung und erhöhter Standsicherheit gebaut (Bild 20). Er geht damit zu den Spreizenstaplern mit der Typbezeichnung ESP über, besitzt aber am Hubschlitten zusätzlich den Fahrkorb.

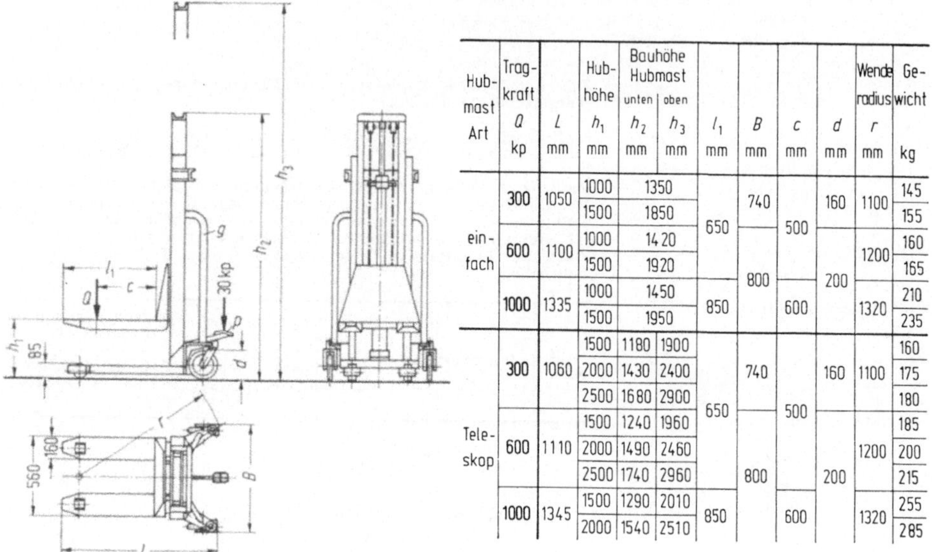

Hubmast Art	Tragkraft Q kp	L mm	Hubhöhe h_1 mm	Bauhöhe Hubmast unten h_2 mm	oben h_3 mm	l_1 mm	B mm	c mm	d mm	Wenderadius r mm	Gewicht kg
ein-fach	300	1050	1000	1350		650	740	500	160	1100	145
			1500	1850							155
	600	1100	1000	1420						1200	160
			1500	1920			800		200		165
	1000	1335	1000	1450		850		600		1320	210
			1500	1950							235
Tele-skop	300	1060	1500	1180	1900	650	740	500	160	1100	160
			2000	1430	2400						175
			2500	1680	2900						180
	600	1110	1500	1240	1960					1200	185
			2000	1490	2460						200
			2500	1740	2960		800		200		215
	1000	1345	1500	1290	2010	850		600		1320	255
			2000	1540	2510						285

Bild 17. Gabelhochhubwagen HV (Genkinger) (ohne motorischen Antrieb). Er wird vom Arbeiter durch Ziehen oder Schieben an den beiden, den Rahmen des Hubwerks abstützenden Griffstangen g bewegt. Die Last wird hydraulisch durch mehrfaches Treten auf den Fußhebel p bis zur gewünschten Höhe angehoben. Der Fußhebel ist umklappbar.

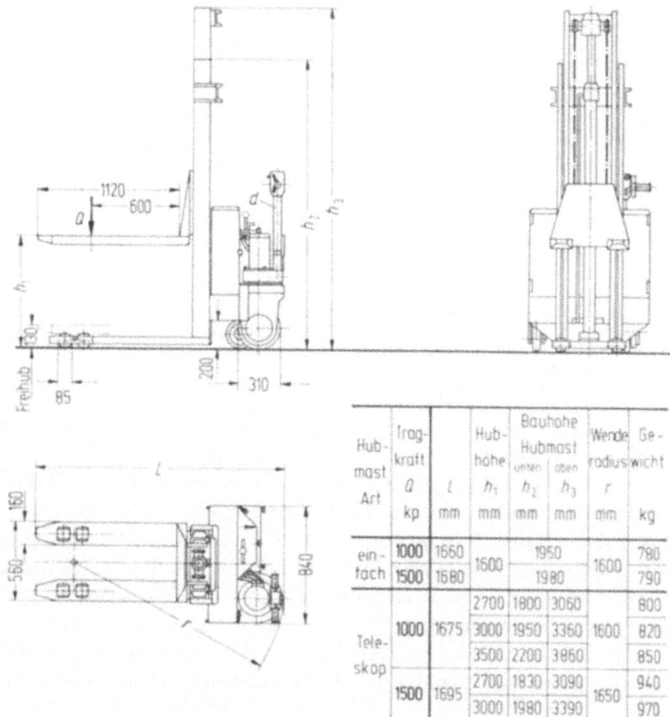

Hubmast Art	Tragkraft Q kp	l mm	Hubhöhe h_1 mm	Bauhöhe Hubmast unten h_2 mm	oben h_3 mm	Wenderadius r mm	Gewicht kg
ein-fach	1000	1660	1500	1950		1600	780
	1500	1680		1980			790
Tele-skop	1000	1675	2700	1800	3060	1600	800
			3000	1950	3360		820
			3500	2200	3860		850
	1500	1695	2700	1830	3090	1650	940
			3000	1980	3390		970

Bild 18. Elektro-Geh-Gabelhochhubwagen EGV (Genkinger), ausgerüstet mit batterie-elektrischem Antrieb, der aber nur auf ein Rad wirkt, und mit einfachem oder Teleskop-Hubwerk. Der Fahrer lenkt das Fahrzeug von Hand mit der Deichsel d, das zweite vordere Hilfslenkrad schwenkt in die durch die Deichsel eingeschlagene Bewegungsrichtung ein. Die Fahrgeschwindigkeit ist der Bewegungsgeschwindigkeit des Menschen angeglichen (v_{max} = 6 km/h). Fahr- und Hubbewegungen werden vom Deichselkopf aus gesteuert, wie im Bild 19 ersichtlich.

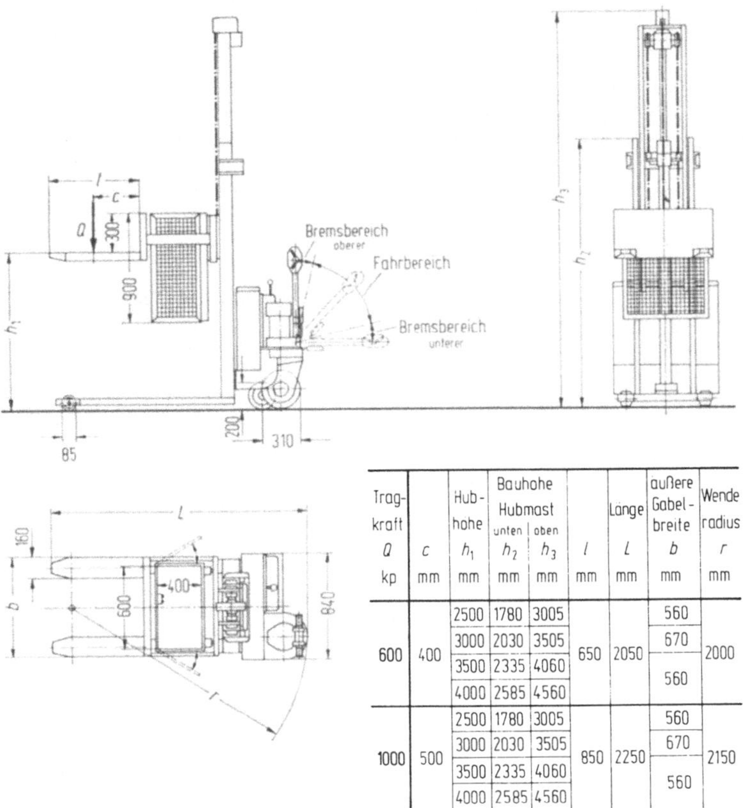

Trag-kraft		Hub-höhe	Bauhöhe Hubmast			Länge	äußere Gabel-breite	Wende-radius
			unten	oben				
Q	c	h_1	h_2	h_3	l	L	b	r
kp	mm	mm	mm	mm	mm	mm	mm	mm
600	400	2500	1780	3005	650	2050	560	2000
		3000	2030	3505			670	
		3500	2335	4060			560	
		4000	2585	4560				
1000	500	2500	1780	3005	850	2250	560	2150
		3000	2030	3505			670	
		3500	2335	4060			560	
		4000	2585	4560				

Bild 19. Gabelhochhubwagen mit Fahreraufzugkorb mit besonderer Eignung als einfaches Regalbedienungsgerät (Typ EGVL, Genkinger). Fahr- und Hubbewegungen werden vom Deichselkopf aus gesteuert.

Die Geräte dürfen zur Sicherung gegen Unfälle vom Fahrkorb aus nur mit beiden Händen in ihrer Auf- und Abwärtsbewegung gesteuert werden. Der Fahrkorb muß in seinem unteren Bereich geschlossen sein und außerdem gegen das Hubwerk hin eine Rückwand aufweisen. Bei einer erzielbaren Hubhöhe von 4 m sind eingelagerte Bestände noch in einer Arbeitshöhe von 5,5 m zugänglich.

III. Stetigförderer

A. Allgemeines

Stetigförderer bewegen das Fördergut mit gleichbleibender Geschwindigkeit oder im Rhythmus der Fertigung, wie es die Arbeit erfordert. Sie ermöglichen selbst kleinen Betrieben mit wenig Kostenaufwand, z. B. mit Hilfe einer Rollenbahn, einer Röllchenbahn oder auch nur einer Rutsche, eine planvolle Bewegung in die Fertigung zu bringen. Man unterscheidet bei den Stetigförderern nach der Art des Fördergutes solche für *Schüttgut* und solche für *Stückgut*. Die Art des Tragmittels bringt es mit sich, daß einige Typen für jedes Fördergut geeignet sind. Die Tab. 8 und 9 (S. 23/24) geben einen Überblick über die wichtigsten Stetigförderer, wobei als geeignetes Unterscheidungsmerkmal das Verwenden von Ketten als Zugmittel oder der Verzicht auf Ketten benutzt ist.

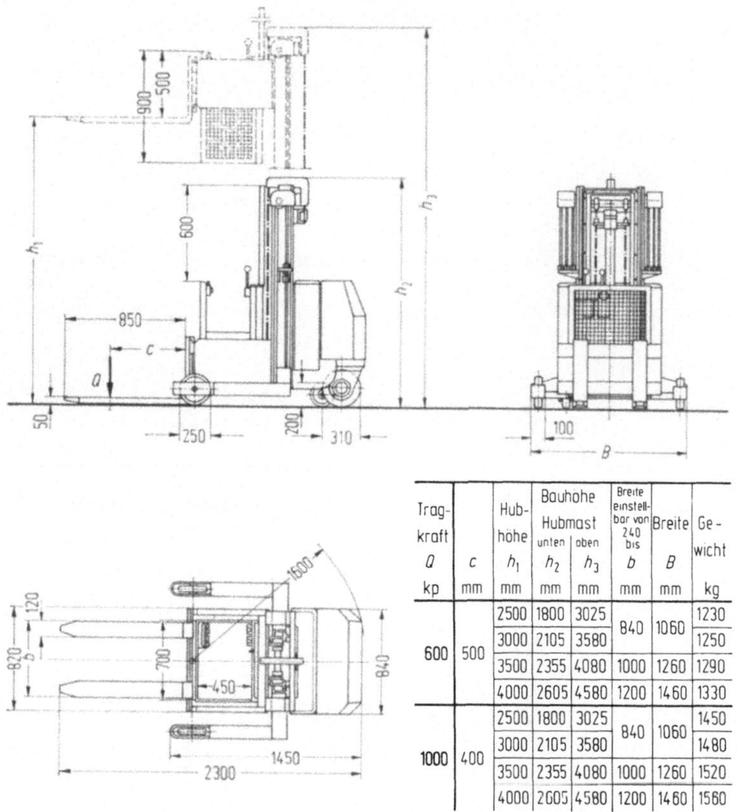

Trag-kraft Q	c	Hub-höhe h_1	Bauhöhe Hubmast unten h_2	Bauhöhe Hubmast oben h_3	Breite einstell-bar von 240 bis b	Breite B	Ge-wicht
kp	mm	mm	mm	mm	mm	mm	kg
600	500	2500	1800	3025	840	1060	1230
		3000	2105	3580	840	1060	1250
		3500	2355	4080	1000	1260	1290
		4000	2605	4580	1200	1460	1330
1000	400	2500	1800	3025	840	1060	1450
		3000	2105	3580	840	1060	1480
		3500	2355	4080	1000	1260	1520
		4000	2605	4580	1200	1460	1560

Bild 20. Spreizenstapler vom Typ ESP, jedoch mit Fahreraufzugkorb (Genkinger).
Es ist ein Regalbedienungsgerät mit Steuermöglichkeit vom nieder- oder hochstehenden Fahreraufzugkorb aus.

Schüttgut sind im allgemeinen pulverige oder körnige Massen, zu denen in diesem Zusammenhang auch schüttbare Massenteile gezählt werden, die zwar fertige Erzeugnisse sind, wie Kugeln, Ringe, Muttern, aber für ihren Zustand gefahrlos Schüttvorgänge zulassen. Stückgut umfaßt Bauteile der mechanischen Fertigung, Baugruppen und fertige Geräte, aber auch Kartons und Kästen, die mit Schüttgut gefüllt sind, und schließlich auch beladene Paletten, mit dem Charakter von Pack- bzw. Versandeinheiten.

23. Antrieb und Zugorgane. Stetigförderer haben in der Regel motorischen Antrieb, asynchrone Drehstrommotoren mit kräftigem Anlaufdrehmoment wegen der beim Einschalten auftretenden großen Massenbeschleunigungen. Die Förderer bewegen das Gut in waagerechter, steigender, senkrechter, aber auch in fallender Richtung. Wenn Förderer mit Gefälle arbeiten, wie Röllchenbahnen und Rollenbahnen, kann auf den Antrieb verzichtet werden. Sie werden dann als *Schwerkraftförderer* bezeichnet. Bei den Stetigförderern werden, mit Ausnahme der Schwerkraft-, Schwing- und pneumatischen Förderer, als Zugmittel Ketten oder Bänder verwendet.

24. Ketten. Es gibt verschiedene Kettentypen (Tab. 10, S. 25). Die zerlegbare Gelenkkette nach DIN 686 ist nicht aufgeführt, weil ihre Anwendung immer mehr zurückgeht. Daneben bestehen viele Sonderformen für bestimmte Anwendungs-

Tabelle 8. *Stetigförderer, vorwiegend mit Ketten arbeitend*
(Punkte kennzeichnen die mögliche Anwendung)

Nr.	Benennung	Nr. nach DIN 15 201	Fördergut: Schüttgut	Fördergut: Stückgut	Förderrichtung: waagerecht	Förderrichtung: geneigt	Förderrichtung: steil (bis 45°)	Förderrichtung: senkrecht	Zugmittel Kette: Einstrang	Zugmittel Kette: Zweistrang	Zugmittel: Gurt-Band	Tragmittel	Bemerkungen	Sinnbild
1	Schleppkettenförderer	11		●	●	●			●	●		Gleit- oder Rollenbahnen		
2	Bodenringbahn	(11)		●	●				●			Rollwagen eingehakt	Montagebahn für Fließarbeit	
3a	Stapelförderer	15		●		●	●		●	●		Gurt- oder Plattenband	Stapelgerät ortsfest u. fahrbar	
3b	Steilförderer für Säcke	16		●		●	●		●			Gleitbahn	für Sacktransport	
4a	Kratzerförderer	2	●		●	●			●	●		offene Rinne		
4b	Trogkettenförderer	3	●		●	●		●	●	●		geschlossener Trog		
5a	Plattenbandförderer (Gliederbandförderer)	9.1	●	●	●	●			●			stumpfgestoßene oder sich überdeckende Platten	auch als Montageband	
5b	Trogbandförderer (Gliederbandförderer)	9.2	●	●	●	●			●			stumpfgestoßene oder sich überdeckende Platten m. Seitenwänden		
5c	Kastenbandförderer (Gliederbandförderer)	9.3	●	●	●	●			●			stumpfgestoßene oder sich überdeckende Kästen		
6	Becherwerke	1.1 / 1.2	●				● *	●	●	●	●	Becher	Entleerung über Kopf	
7	Pendelbecherwerk	1.3	●		●	●	●	●	●			pendelnde Becher	Entleerung an belieb. Stelle durch Kippen	
8	Schaukelförderer	13		●	●	●	●	●	(●)	●		pendelnde Gehänge		
9	Umlaufförderer	14		●	●			●		●		pendelfreie Gehänge	Kettenstränge versetzt	
10	Wandertisch senkrecht umlaufend	17.1		●	●	●				●		Plattenband	gleicht dem Plattenband	
11	Wandertisch waagerecht umlaufend	17.2		●	●				●			Platten, schuppenförmig sich überdeckend	für Fließarbeit	
12a	Kreisförderer in Winkelschienenbahn	12.2	(●)	●	●	●	●	●	●			Gehänge (im Raum)		
12b	Kreisförderer mit I-Träger	12.1	(●)	●	●	●	●	●	●			Gehänge (im Raum)	mit Folgeförderer auch für wandernde Lager (Power and Free)	

* bis 20° geneigt (Becherwerke, Sinnbild: Senkrecht-becherwerk / Schräg-becherwerk)

Tabelle 9. *Stetigförderer mit Ausnahme der Kettenförderer*
(Punkte kennzeichnen die mögliche Anwendung)

Nr.	Gruppe	Benennung	Nr. nach DIN 15 201	Fördergut		Förderrichtung			Bewegungsmittel (Zugmittel)	Wirkungsprinzip	Bemerkungen	Sinnbild
				Schüttgut	Stückgut	waagerecht	geneigt	steil (bis 45°)				
1a	Bandförderer / Gurtförderer	Gummigurtförderer	8.11	●	●	●	●	(●)	Gummigurt	Mitnahme durch Reibung	betriebliche Bindung: ortsfest	
1b		Textilgurtförderer	8.12	●	●	●	●		Textilgurt		fahrbar	
1c		Drahtgurtförderer	8.13		●	●	●		Gurt aus Drahtgeflecht		tragbar	
2		Stahlbandförderer	8.2	●	●	●	●		Stahlband blank oder ummantelt		Bandführung: flach / gemuldet	
3a	Rollenbahnen	Rollenbahn	18		●	●	●		zylindrische Rollen, in Bögen auch konische Rollen	Schwerkraftförderer gelegentlich angetrieben	Gefälle 2..5 %	
3b		Röllchenbahn	18.1		●	●	●		Röllchen			
3c		Topfrollenbahn	—		●	●	●		Topfrollen	Schwerkraftförderer	Sie üben eine richtungsbestimmende Funktion aus.	
3d		Kugelbahn	—		●	●	●		Kugelrollen		beweglich in jeder Richtung	
4	Schneckenförderer	m. Vollschnecke	4.1	●		●	●		ruhender Trog oder Zylinder	Förderung durch gleitendes Vorwärtsschieben	Vollschnecke	
		m. Bandschnecke	4.2	●		●	●				Bandschnecke	
		m. Schaufeln (Rührschnecke)	4.3	●		●	●				Schaufeln	
5		Schneckenrohrförderer	5	●		●	●		Drehrohr mit eingesetzter Bandschnecke			
6a	Schwingförderer	Schüttelrutsche	6.1	●		●	●		Schwingtisch	Wirkung der Massenkräfte im Beschleunigungsverf.		
6b		Schwingrinne	6.2	●		●	●		Schwingsieb	im Wurfverfahren		
6c		Wendelschwingrinne	(6.2)	●				●	Wendel	im Beschleunigungsverfahren		
7a	Pneumatische Förderer	Pneumatischer Rohrförderer	7	●		●	●	●	Rohranlage mit Luftstrom	Mitnahme durch Druckluft (D) Saugluft (S)		
7b		Pneumatische Rinne	7.1	●		●			Rinne mit siebartigem Zwischenboden	Abheben vom Boden d. Druckluft u. Verringerung der Reibung durch Luftpolster	nur abwärts geneigte Förderung	
8a	Rutschen	Einwegrutschen	10.1	●	●		●	●	Rinne, offen oder gedeckt, Rohr	durch Schwerkraft gleitend		
8b		Mehrwegrutschen	10.2	●	●		●	●				
8c		Wendelrutschen	10.3	●	●		●	●				

Tabelle 10. *Vergleichende Übersicht über die Eigenschaften der verschiedenen Ketten, die als Zugorgane bei den Stetigförderern in Verwendung sind*

Kettenbezeichnung	Rundstahlkette	Stahlbolzenkette		Buchsenförderkette		Steckkette
		normale Ausführung	mit Kreuzgelenk	normale Ausführung	mit Kreuzgelenk	
DIN	764, 766	654		8165 Blatt 1		—
Werkstoff — Glieder	USt35.2 St35KE, St35KH	GTW35		St60-2K		40Mn3
Werkstoff — Bolzen		C15KE		C15KE		40Mn3
Sicherung gegen Lösen	unlösbar	versplintet		klein: vernietet groß: versplintet		Formschluß unter Zug
Herstellungs- verfahren	mech. und geschweißt	gegossen und nachgearbeitet		mechanisch aus Formstahl		gesenkgeschm., nachgearbeitet
Teilungs- genauigkeit %	± 1,3	± 1,0		± 0,1		± 0,5
Abnutzung im Betrieb	groß	mäßig		kaum feststellbar		groß
Raum- beweglichkeit	voll	fehlt	begrenzt	fehlt	begrenzt	begrenzt
Bogenradius für Ablenkung in Hochkant- richtung	klein	—	mittel	—	mittel	groß
Antriebsart	Rad	Rad		Rad, Schleppkette, hydraul. Schubstange		Rad, Schleppkette
Längenänderung (beabsichtigt) Aufwand	groß (Material- trennung)	gering, mit ein- fachem Werkzeug möglich		gering, mit ein- fachem Werkzeug möglich		kein Aufwand
Mindest- gliederzahl	2	1		2		2

fälle. Die Übersicht läßt die Anwendbarkeit der Ketten in etwa erkennen; darüber hinaus sind für die Beurteilung bedeutungsvoll:

Gewicht, Raumbedarf oder Preis, alles bezogen auf die übertragbare Kraft,
Korrosionsbeständigkeit,
Empfindlichkeit gegen Überlastung u. a. m.

a) Rundstahlketten. Für Fördermittel werden Rundstahlketten nach DIN 764 und 766 (Bild 21) sowie DIN 5684 verwendet. Die Glieder der Kette werden nach dem Biegen zusammengeschweißt. Nach dem Werkstoff unterscheidet man Ketten in
Normalgüte (USt35.2),
Normalgüte, verschleißfest, (St35.13KE), und
vergütet (St35.13KH), wobei die gehärtete Randschicht und der zähe Kern für höhere Belastbarkeit bei guter Verschleißfestigkeit sorgen.
In der Ausführung bezüglich höherer Formgenauigkeit unterscheidet man
lehrenhaltige Ketten für verzahnte Kettenräder, mit eingeschränkten Toleranzen der Kettenenden und
nichtlehrenhaltige Ketten.
Zum Verbinden der Kettenenden dienen Kettenschlösser, bei denen in der Regel zwei mit Krallen versehene Endgliederhälften durch formschlüssig übergreifende Klemmstücke verbunden und mit einer Schraube zusammengehalten werden. Bild 22 zeigt ein raumsparendes Kettenschloß, das über Zahn- und Taschenräder frei hinwegläuft.

b) Kettenräder. Sie müssen den freien Durchlauf der Kette gestatten, wobei das jeweils hochkant stehende Glied sich formschlüssig in die hohle Zahnflanke einlegt. Die Radialkraft der Kette wird von der Zahnschulter aufgenommen, die das flachliegende Glied

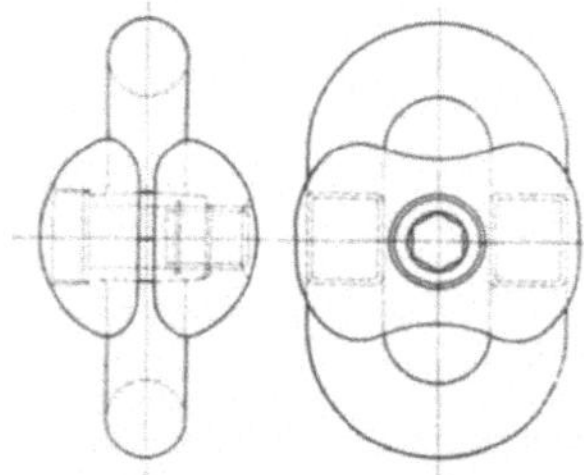

DIN 766

Nenn-maß d mm	Teilung t mm	zul. Abw. mm	zul. Abw. für Länge $11 \cdot t$ mm	b mm	Prüflast in kp bei U St 35.2 *	Gewicht kg/m
6	18,5	± 0,5	+ 1,5	≈ 20	700	≈ 0,75
7	22	± 0,5	- 0,5	≈ 23	900	≈ 1,00
8	24	± 0,6	- 0,5	≈ 26	1260	≈ 1,35
10	28	± 0,6	+ 2,5	≈ 34	2000	≈ 2,25
13	36		- 0,8	≈ 44	3200	≈ 3,80
16	45	± 1,0	+ 3,8	≈ 54	5000	≈ 5,80
18	50		+ 3,8	≈ 60	6300	≈ 7,30
20	56	± 1,5	- 1,3	≈ 67	8300	≈ 9,00

DIN 764

Nenn-maß d mm	Teilung t mm	zul. Abw. mm	zul. Abw. für Länge $11 \cdot t$ mm	b mm	Prüflast in kp bei U St 35.2 *	Gewicht kg/m
10	35	± 1,0	+ 2,5 - 1,0	≈ 34	2000	≈ 2,05
13	45	± 1,0		≈ 44	3200	≈ 3,45
16	56	± 1,5	+ 4,0 - 1,5	≈ 54	5000	≈ 5,20
18	63	± 1,5		≈ 60	6300	≈ 6,50
20	70	± 2,0	+ 5,5 - 2,0	≈ 67	8000	≈ 8,20

* Bei St 35 KH etwa 25% mehr.

Bild 21. Rundstahlketten nach DIN 766 und DIN 764 (auszugsweise).
Rundstahlketten DIN 766: kurzgliedrig, für allgemeine Zwecke und Hebezeuge, Kettenenden.
Rundstahlketten DIN 764: halblanggliedrig, für Stetigförderer, Kettenenden für Becherwerke.

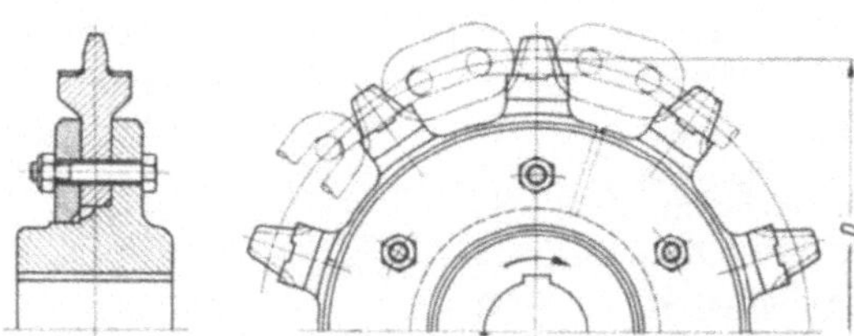

Bild 22. Kettenschloß für Rundstahlkette (RUD). Das quergeteilte Glied wird insofern mit zwei Klemmstücken formschlüssig verbunden, als sich Krallen der halben Glieder in entsprechende Aussparungen der verschraubten Platten legen.

Bild 23. Kettenrad für Rundstahlkette. Die einzelnen Zähne, Zahnsegmente oder der Zahnkranz sind zwischen Scheiben eingeklemmt. Zähne sind z. T. nachstellbar, um Teilkreisänderungen durch den Verschleiß zu beheben. D = Teilkreisdurchmesser.

abstützt (Bild 23). Der Verschleiß an den Zähnen der Kettenräder ist groß, weil sich die Kettenglieder bei hohem Flächendruck gleitend in die Zähne einlegen und von ihnen abheben. Daher werden die Zähne oder Zahnsegmente mehrteiliger Kettenräder oft oberflächengehärtet. Bei kleinen Raddurchmessern werden raumsparende Taschenräder gebaut.

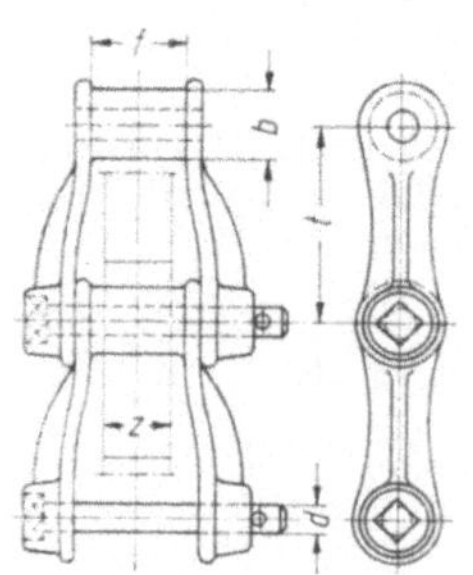

Nummer	Teilung t ± 1% mm	b mm	d_{h11} mm	f mm	Zahn-breite z mm	Prüflast kp	Gewicht kg/m
40	38,7	14	7	18	13	900	≈ 2,1
42	42	19	9	24,5	16	1800	≈ 4,5
63	63	21	10	29	20	2400	≈ 4,2
65	65,5	25	12	33	24	3800	≈ 6,8
100 A	100	27	13	28	23	3200	≈ 5,5
100 B	100	30	15	40	32	4500	≈ 9,0
135	134,5	23	12	33,5	24	3200	≈ 4,1
136	136,5	43	17	30,5	27	6000	≈ 9,5

Bild 24. Stahlbolzenketten nach DIN 654 (auszugsweise).

c) Stahlbolzenketten. Sie werden ausgeführt nach Bild 24 und haben eine vorgegossene, nachgebohrte und kalibrierte Bohrung im Rundsteg des Kettengliedes, die mit dem splintgesicherten Stahlbolzen ein gutes, gegen das Eindringen von Schmutz leidlich geschütztes Gelenk bildet. Die vielen Formen von Befestigungen gestatten es, die Kette für jeden Bedarfsfall anzuwenden.

Bei *Kreisförderern* mit Steigungen und Gefälle ist der Einbau eines Kreuzgelenkes unumgänglich, das dann vom Laufrollenglied und einem Zwischenglied gebildet wird.

d) Buchsenförderketten. Am bedeutsamsten von allen Förderketten sind die Buchsenförderketten. Da sie oft mit großen Teilungen arbeiten, haftet ihnen an Stellen der Richtungsänderung in der Kettenführung der Nachteil der Vieleckwirkung an. Die Viel-

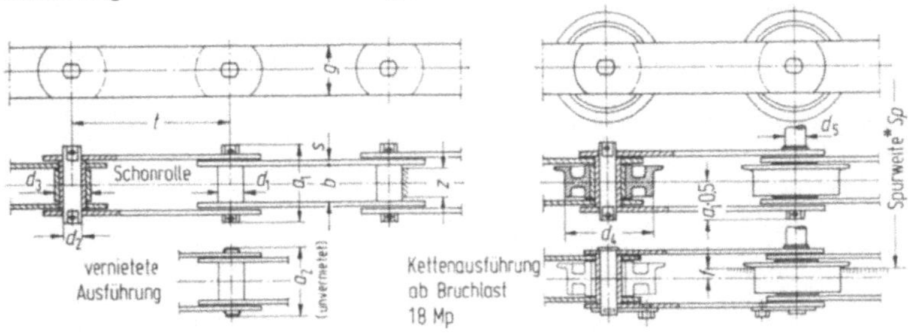

| Bruchlast in Mp | | Gewichte in kg/m für Einstrangkette ohne Schonrollen bei den Teilungen t in mm | | | | | | Maße in mm | | | | | | | | | Zahn-breite | Laschen-profil |
Ein-strang	Doppel-strang	80	100	125	160	200	250	d_1	d_2	d_3	d_4	d_5	a_1	a_2	b	f	z	$g \times s$
3,15	6,3	2,14	1,94	1,79	1,65	—	—	15	10	20	40	12	45	37	18	3	15	25 × 3
4,5	9	3,51	3,17	2,90	2,66	2,50	—	18	12	26	50	14	57	45	22	3,5	18	30 × 4
6,3	12,5	5,33	4,78	4,37	4,01	3,74	—	20	14	30	63	16	64	53	25	4,5	20	35 × 5
9	18	9,52	8,44	7,61	6,86	6,33	—	26	18	36	80	20	82	69	35	6	28	45 × 6
12,5	25	—	13,2	11,8	10,6	9,7	9,3	30	20	42	100	24	100	88	45	10	36	50 × 8
18	35,5	—	19,2	16,8	14,8	13,3	12,2	36	26	50	125	30	116	101	55	11,5	45	60 × 8

Werkstoffe für Laschen : St 60 ; Bolzen : C 15 KE ; Buchsen : C 15 KE ; Bundrollen : GG-18

Spurweiten Sp : 250 , 315 , 400 , 500 , 630 , 800 , 1000 , 1250 mm

Bild 25. Buchsenförderketten nach DIN 8165 (auszugsweise).

seitigkeit möglicher Abwandlungen findet in der Zusammenstellung des Bildes 25 nur einen bescheidenen Niederschlag. Die Buchsenförderketten zeichnen sich besonders dadurch aus, daß der Verschleiß der mit ihnen zusammen arbeitenden Kettenräder der geringste von allen Kettentypen ist. Ein weiterer Vorteil liegt in der Teilungsgenauigkeit, die über die gesamte Betriebszeit hinweg aufrechterhalten bleibt, so daß diese Ketten auch als Präzisionsketten bezeichnet werden. Bemerkenswert ist weiterhin, daß die Ketten nach DIN 8165 nicht nach einem Maß der Form, sondern abweichend von allen anderen Kettentypen nach der Bruchlast in Mp bezeichnet werden.

e) Steckketten. Es sind formschöne Ketten (Bild 26), die sich aus drei verschiedenen Teilen von Hand ohne Werkzeug einfach und bequem zusammenbauen lassen. Die Teile sind im Gesenk geschlagen und haben demgemäß einen guten Faserverlauf des Werkstoffes bei gewissen Gestaltabweichungen, wobei insbesondere infolge der Gesenkschräge der Verschleiß im Betrieb entsprechend groß ist. Ihre ungeraden Maße gehen auf das ursprüngliche Zollmaß zurück.

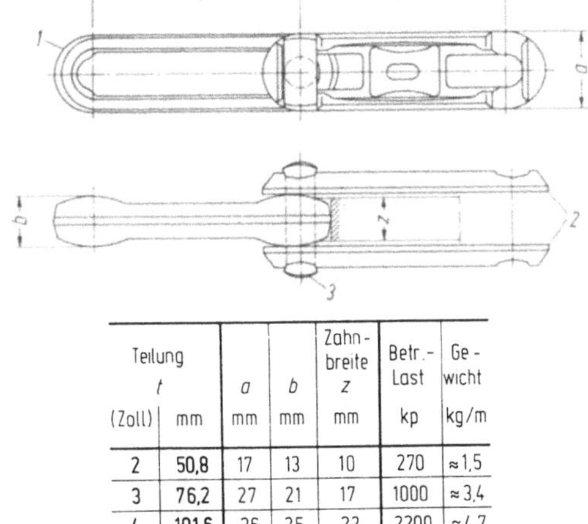

| Teilung | | a | b | Zahn-breite z | Betr.-Last | Ge-wicht |
t (Zoll)	mm	mm	mm	mm	kp	kg/m
2	50,8	17	13	10	270	≈1,5
3	76,2	27	21	17	1000	≈3,4
4	101,6	36	25	22	2200	≈4,7
6	152,4	51	33	30	3850	≈9,0

Bild 26. Steckketten (Keystone-Ketten).
1 Mittelglied; *2* Seitenlaschen; *3* einfacher Steckbolzen.

25. Vieleck-(Polygon-)Wirkung. Wie aus den Bildern 27 und 28 erkennbar, beträgt die mittlere Geschwindigkeit v_{med} der Kette bei z Zähnen des Kettenrades und einer Drehzahl n (Umdrehungen/min):

$$v_{\mathrm{med}} = \frac{z\,t\,n}{60} = \frac{z\,n}{60} \cdot 2\,r \sin\frac{180°}{z}\,.$$

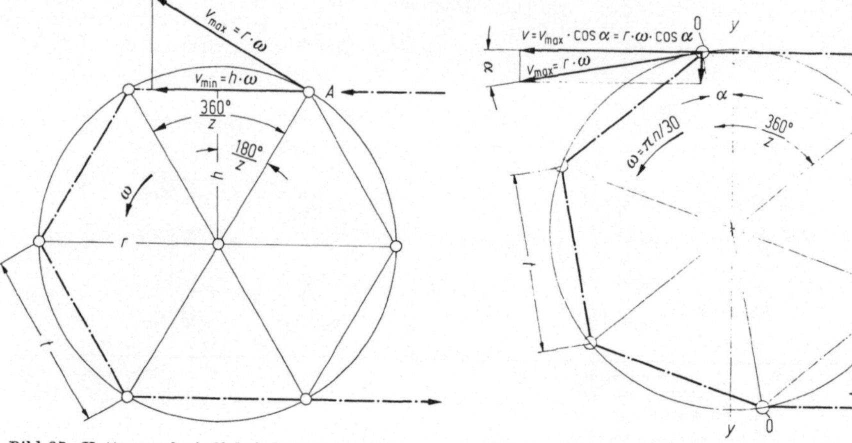

Bild 27. Kettengeschwindigkeit bei Sehnenstellung
des Kettenrades.

Bild 28. Kettengeschwindigkeit in Abhängigkeit von
der Stellung des Kettenrades, bestimmt durch den
jeweiligen Winkel α.

Beim Einlauf am Punkt A hat der Kettenbolzen in tangentialer Richtung die Umfangsgeschwindigkeit:

$$v_{max} = r\,\omega = r\,\frac{2\,\pi\,n}{60} = \pi\,\frac{n}{60}\cdot\frac{t}{\sin\dfrac{180°}{z}}.$$

In Richtung Sehne beträgt die Geschwindigkeitskomponente:

$$v_{min} = h\,\omega = h\,\frac{2\,\pi\,n}{60}.$$

Nun lassen sich folgende Geschwindigkeitsverhältnisse bilden:

$$\frac{v_{max}}{v_{med}} = \frac{r\,\dfrac{2\,\pi\,n}{60}}{\dfrac{z\,n}{60}\cdot 2\,r\sin\dfrac{180°}{z}} = \frac{\pi}{z\sin\dfrac{180°}{z}},$$

$$\frac{v_{min}}{v_{med}} = \frac{h\,\dfrac{2\,\pi\,n}{60}}{\dfrac{z\,n}{60}\cdot 2\,r\sin\dfrac{180°}{z}} = \frac{h\,\pi}{z\,r\sin\dfrac{180°}{z}} = \frac{r\cos\dfrac{180°}{z}\cdot\pi}{z\,r\sin\dfrac{180°}{z}} = \frac{\pi}{z\tan\dfrac{180°}{z}},$$

$$v_{max} - v_{min} = \omega\,(r - h) = \omega\left(r - r\cos\frac{180°}{z}\right) = r\,\omega\left(1 - \cos\frac{180°}{z}\right).$$

Daraus ergibt sich der relative Ungleichförmigkeitsgrad

$$\frac{v_{max} - v_{min}}{r\cdot\omega} = 1 - \cos\frac{180°}{z}.$$

Für Kettenräder mit 6 bis 12 Zähnen sind die vorstehenden Geschwindigkeitsverhältnisse und der Ungleichförmigkeitsgrad in %:

	$z =$	6	7	8	9	10	12
	$v_{max}/v_{med} =$	1,05	1,04	1,03	1,02	1,02	1,01
	$v_{min}/v_{med} =$	0,91	0,93	0,95	0,96	0,97	0,98
$100\cdot(v_{max} - v_{min})/v_{med} =$		14,0	10,3	7,8	6,2	5,0	3,5

Beim Durchlaufen des Winkels 360°/z kommt Punkt A in die Stellung O (Bild 28). Die Horizontalgeschwindigkeit der Kette beträgt in dieser Stellung $v = r\,\omega\cos\alpha$. Für 6 Zähne zeigt Bild 29a den Geschwindigkeitsverlauf im Diagramm. Bei 30° ist der unmittelbare Übergang von der Verzögerung zur Beschleunigung erkennbar.

Die Beschleunigung beträgt:

$$a_{max} = \omega^2\, r \sin \frac{180°}{z} \quad \text{mit} \quad r = \frac{t}{2 \sin \dfrac{180°}{z}},$$

$$a_{max} = \omega^2 \frac{t}{2 \sin \dfrac{180°}{z}} \cdot \sin \frac{180°}{z},$$

$$a_{max} = \omega^2 \cdot \frac{t}{2} = \left(\frac{\pi\, n}{30}\right)^2 \cdot \frac{t}{2} \approx \frac{1}{180°} \cdot n^2\, t,$$

$$a_{min} = -\, a_{max} = -\, \omega^2\, r \sin \frac{180°}{z}.$$

Es zeigt sich, daß die Beschleunigung in ihrer absoluten Größe der Teilung t linear und der Drehzahl n des Kettenrades im Quadrat entspricht. Die Beschleunigung ändert sich beim Durchlauf des Winkels $180°/z$ aus der Sehnenlage über die Ecklage in die Sehnenlage von:

$$a_{max} = \frac{1}{180} \cdot n^2\, t \;\to\; a_{med} = 0 \;\to\; a_{min} = -\, a_{max} = -\frac{1}{180} \cdot n^2\, t.$$

Dabei geht sie. wenn sich die Kette in Sehnenlage befindet, ruckartig von $- a$ auf $+ a$ über. Es treten periodische Massenkräfte auf, die die Zugkraft überlagern. Diese Kräfte werden zwar durch die elastische Formänderung der Kette, den Schmierstoff in den Gelenken und durch die Nachgiebigkeit der Konstruktion erheblich abgebaut, sie sind aber dennoch überall spürbar. Durch günstige Anordnung der Kettenräder in ihrer gegenseitigen Lage kann die Polygonwirkung weiterhin geschwächt werden.

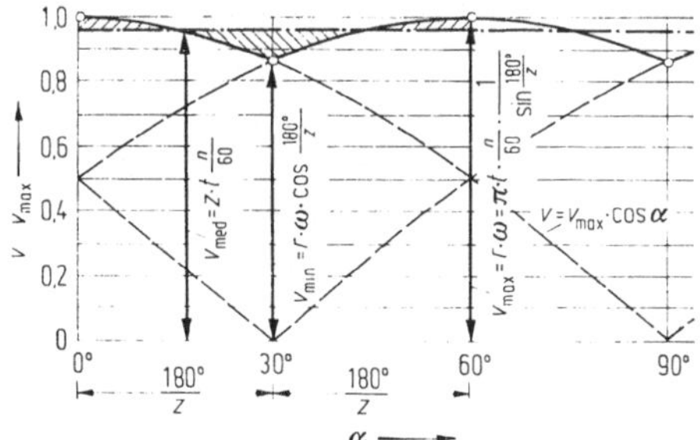

Bild 29a. Verlauf der Kettengeschwindigkeit v während einer Vierteldrehung des Kettenrades bei $z = 6$.

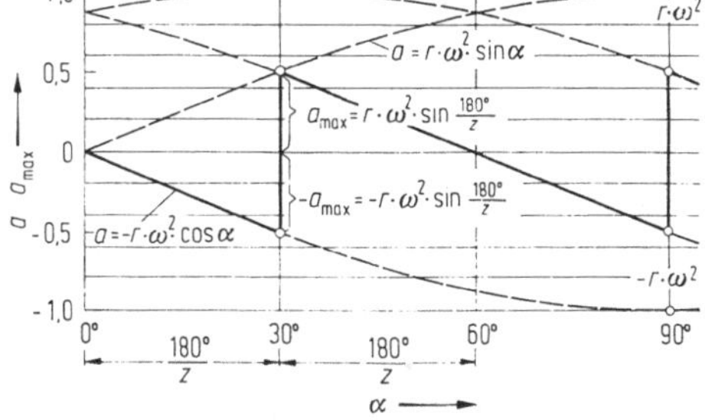

Bild 29b. Verlauf der Kettenbeschleunigung a während einer Vierteldrehung des Kettenrades bei $z = 6$.

B. Plattenbandförderer

Von den Gliederbandförderern, gekennzeichnet durch eine Zweistrangkette als Zugmittel und durch eine nahezu geschlossene Tragfläche aus Querplatten, wird der Plattenbandförderer in vielen Fällen als Arbeits- oder Montageband benützt. Die Unempfindlichkeit gegen Stöße und Seitenkräfte und die Möglichkeit mit einem Getriebe stufenloser Drehzahlregelung auf langsamsten Lauf einzustellen, machen den Plattenbandförderer für schwere Erzeugnisse zum besten Arbeitsband. Das Band durchläuft die Arbeitsstrecke in der gewünschten Höhe in gerader Linie und läuft unter oder unmittelbar über dem Boden zurück.

26. Bandaufbau. Die konstruktiven Möglichkeiten einer Verbindung von Ketten, Brücken und Laufrollen sind vielseitig. Bild 30 zeigt ein Plattenband mit zwei Stahlbolzenketten, von denen jedes Kettenglied zwei Flanschen hat, auf denen die Platten, einfache Holzbrücken, angeschraubt sind. Jedes zweite Glied hat einen angegossenen Rollenzapfen, der die Laufrolle trägt.

Die Bund- oder Laufrollen können aber auch getrennt von der Kette an den Brücken mit geeigneten Zapfenträgern befestigt werden. Dies ist bei leichten

Ketten, etwa den zerlegbaren Gelenkketten, wenn sie für Plattenbänder verwendet werden, vorteilhaft. Buchsen-Zweistrangketten mit Befestigungsgliedern nach DIN 8165, sind für diese Förderer ebenfalls üblich (Bild 31). Die Kette kann mit Schonrollen, Stützrollen und Bundrollen versehen sein. Winkelstücke, die zusammen mit den Laschen die Befestigungsglieder bilden, werden angeschweißt oder angenietet. Die Buchsen-Zweistrangketten nehmen die Rollen zwischen den Laschen auf. Die Rollen können aber auch auf den Außenenden eines durchgehenden, die Zweistrangkette verbindenden Bolzens sitzen und die Buchsen der Kette für das unmittelbare Zusammenarbeiten mit den Kettenrädern freilassen.

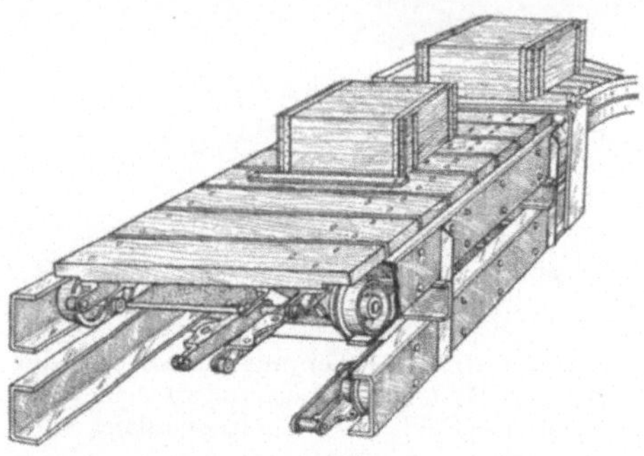

Bild 30. Plattenbandförderer, Aufbau und Umlenkung. Zugmittel sind zwei Stahlbolzenketten, bestehend ausschließlich aus Befestigungsgliedern und dazwischengesetzten Laufrollengliedern, die auf angegossenen Zapfen Bundrollen tragen. Die beiden geförderten Kisten kommen von einem Bogenstück einer Rollenbahn.

Für Platten oder Brücken eignet sich Buchenholz. Wenn mit großem Verschleiß zu rechnen ist, empfehlen sich solche aus abgekanteten Stahlblechen. Eine festeingebaute Schmiereinrichtung für die Kette in den Kettengelenken ist immer vorteilhaft, aber nicht unbedingt nötig, da die gleitenden Teile der Kette auch einfach geschmiert werden können.

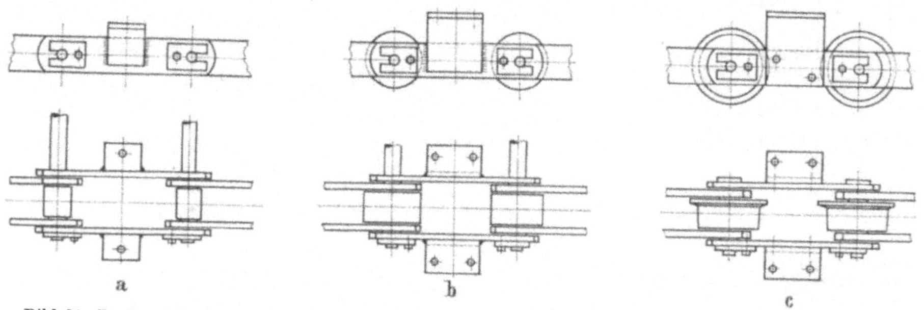

Bild 31. Buchsen-Zweistrangketten nach DIN 8165 Bl. 2 mit Befestigungswinkeln für Platten an den Außenlaschen.
a) Mit Schonrollen (Durchmesser kleiner als Laschenbreite); b) mit Stützrollen; c) mit Bundrollen.

27. Antrieb. Zwei Kettenräder, starr auf einer Achse miteinander verbunden, greifen in die Kette ein. Kettenräder aus Grauguß haben sich bewährt, werden aber allmählich durch Stahlräder ersetzt. Die Kettenräder haben dann formverschiedene Zahnlücken, wenn die Rollen nicht auf jeder Kettenbuchse sitzen. Genügend Raum in der Zahnlücke für guten Ein- und Austritt der Rollen oder Buchsen muß vorhanden sein, und der Polygonwirkung muß dadurch begegnet werden, daß die Gleitschienen die Ketten tangential mittig zwischen Eck- und Sehnenlage des Kettenrades einlaufen lassen.

28. Spannung. Zu allen Kettenförderern gehört eine Spanneinrichtung, um die Kette in Strecklage zu halten. Bei fest eingestelltem Achsabstand zwischen Antriebs- und Spannwelle ergibt sich eine stetige periodische Spannungsänderung bei ebener Bandführung, die aber nicht nachteilig zu sein braucht. Je geringer die Bandgeschwindigkeit wird, desto störender kann sie sich durch den ungleichen Lauf und ruckartige Bandbewegung bemerkbar machen. Eine gleichbleibende

Spannung durch Federn oder Gewichtsbelastung ist vorteilhaft. Die Spannwelle mit den Umlenkrädern muß dazu in Führungen, in Förderrichtung längs und parallel verschiebbar, angeordnet sein.

29. Bandführung. Die Rollen der Kette laufen in U- oder L-Schienen, meist gegen ein Abheben des Bandes aus dem Gerüst gesichert. Das Band muß aber dann an einer besonders dafür vorgesehenen Stelle in das Gerüst eingeführt werden können.

C. Schleppkettenförderer

Um Teile oder Wagen ebenerdig in einer bestimmten Richtung zu bewegen, verwendet man Schleppkettenförderer. In der Regel haben dann die Ketten Mitnehmer, in die die Wagen oder gleitenden Platten eingehängt werden können.

Die Kettenbahn liegt üblicherweise unter dem Flur und behindert den Bodenverkehr nicht. Bild 32 zeigt einen derartigen Schleppkettenförderer, der auch Unterflurförderer genannt wird. Die Förderkette läuft dabei in einem nahezu geschlossenen Kanal. Der Wagen ist mit seinen Rädern in U-Profilen geführt; meistens ist aber keine Führungsbahn vorgesehen.

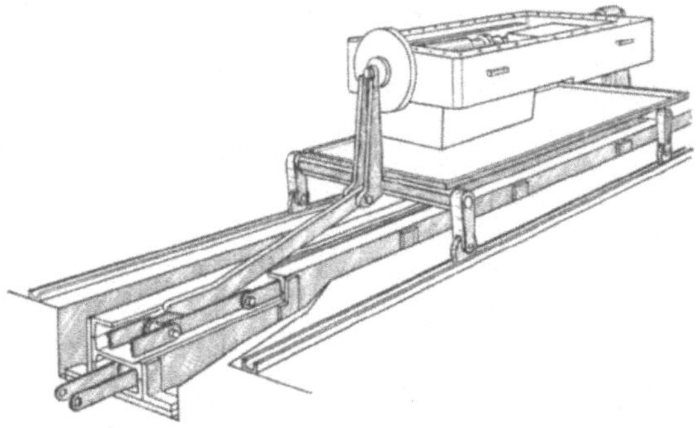

Bild 32. Schleppkettenförderer für geradlinige Bewegung eines Förderwagens, in U-Schienen geführt, auf ebener Strecke. Der Förderwagen ist durch eine Hakenstange mit der großteiligen Buchsenförderkette kraftschlüssig verbunden.

Der Schleppkettenförderer kann in einer Ausführung mit hochgestellter, also um 90° gedrehter Kette zu einer *Bodenringbahn* werden. Die Wagen werden dann durch Einschieben eines Mitnehmerbolzens in die nun flachliegenden und mit Bohrungen versehenen Laschen mit der Kette verbunden. Bei Unterflurförderern oder Bodenringbahnen muß der Bahnschlitz vor dem Eindringen von Schmutz oder Gegenständen gesichert werden.

D. Kreisförderer

Sie laufen unter den Decken der Betriebe und werden nur an Be- und Entladestellen sowie dort, wo Arbeitsabläufe oder zu überwachende Vorgänge ein-

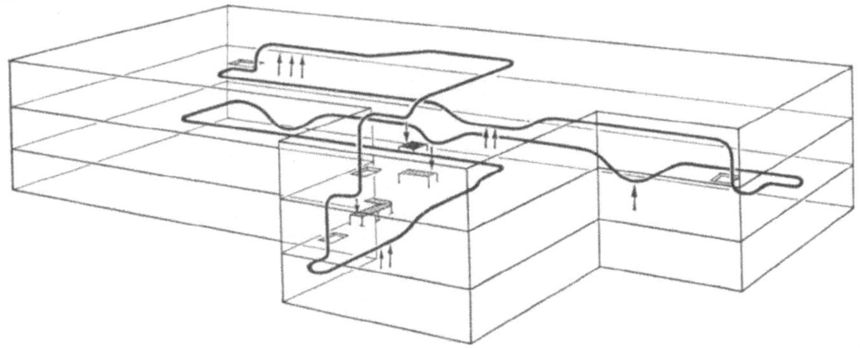

Bild 33. Verlauf eines Kreisförderers in einem dreistöckigen Fabrikgebäude. Die Stellen, an denen der Förderer in den Arbeitsbereich von der Decke herabgezogen wird, sind durch Pfeile gekennzeichnet.

geschaltet sind, in den Zugriffbereich der Bedienung herabgezogen. Die Freizügigkeit beruht auf der Raumbeweglichkeit der Kette, und diese gestattet es, entsprechende Betriebsabteilungen untereinander zu verbinden. Bild 33 zeigt den Verlauf eines Kreisförderers in einem Fabrikgebäude, Bild 34 einen Kreisfördererabschnitt mit Horizontal- und Vertikalablenkung. Der Kreisförderer kann auch über freies Gelände hinweggehen und verschiedene Gebäude und Werke verbinden. Förderlängen bis 5 km sind ausführbar, erfordern dann allerdings Mehrfachantriebe.

30. Förderketten und Führungsbahnen.

Unter der Förderkette wird bei den Kreisförderern die Kette mit den Laufrollengliedern verstanden. Die vielen bestehenden Ausführungen lassen sich im Grunde auf drei Konstruktionen zurückführen, die in Tab. 11 zusammengefaßt sind. Danach gibt es Kreisförderer in Winkelschienenbahnen, in rohrförmiger Bahn (aus geschlitztem Rund- oder Rechteckrohr) und in Führungen aus I-Trägern.

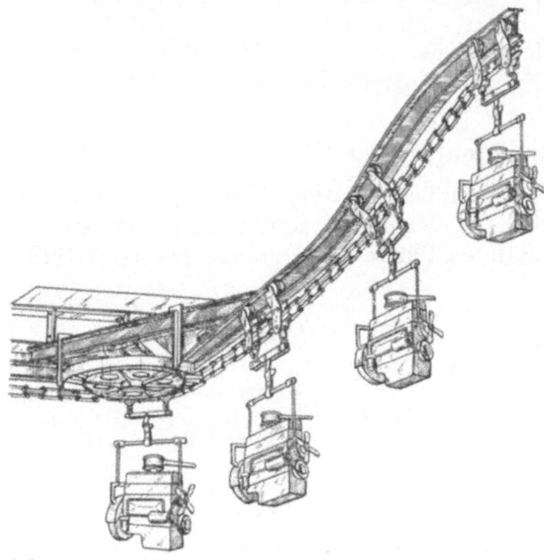

Bild 34. Kreisfördererabschnitt mit Horizontal- und Vertikalablenkung (Stotz).
Führung: I-Träger; Kette: Buchsenkette nach DIN 8165; Gehänge: Zwei Laufrollenglieder mit eingebautem Gelenk sind mit einer Brücke verbunden und tragen an einer Waage das Förderstück (Motor). Ablenkung horizontal: Kettenrad mit Kettenradabdeckung im Hintergrund; vertikal: Biegung des I-Trägers in Aufwärtsrichtung im Vordergrund.

Tabelle 11. *Gegenüberstellung der verschiedenen Ausführungen von Kreisförderern*

Schematische Darstellung	(1)	(2)	(3)	(4)	(5)
Laufrollenglied (Lrgl.): Trägerkörper	einteilig	einteilig		zweiteilig	
Laufrollenglied (Lrgl.): Rollenachse	durchgehend	durchgehend		2. getrennt (schrägstehend)	
Achslagen: Verhältn. v. Rollenachse z. Kettenachse	höhenverschieden	höhengleich		höhenverschieden	
Antrieb durch	Kettenrad	Kettenrad	Schleppkette	Kettenrad	Kettenrad o. Schleppkette
Ablenkung vertikal abwärts	durch Bahn	durch Rohr	durch Bahn	in dem I-Träger	
Ablenkung vertikal aufwärts	durch Bahn	durch Rohr oder mit Kettenrad	durch Bahn	in dem I-Träger	
Ablenkung horizontal f. Lrgl.	durch Bahn	Kettenrad	durch Bahn	in dem I-Träger	
Ablenkung horizontal f. Kette	Kettenrad	Kettenrad	durch Bahn	Kettenrad	Rad verzahnt oder unverz. Rollenbogen
Ketten	zerlegbare Gelenkkette, Stahlbolzenkette, Rundstahlkette, Buchsenkette	Rundstahlkette, Kreuzgelenkkette (auch Stahlseil)	Bügelkette mit kreuzweisen Laufrollen	Rundstahlkette, Buchsenkette	Buchsenkette, Steckkette (Keystonekette)
Führungsbahn	Winkelschienenbahn oder beiderseitige U-Schienenbahn	geschlitztes Rund- oder Rechteckrohr	Doppel-U-Schiene	I-Träger	
Hersteller	verschiedene	Tubusförderer A. Stotz AG	Fahrgelenkketten Eisenmann	verschiedene	verschiedene

Von der Führungsbahn abhängig ist der Aufbau des Laufrollengliedes. Die wichtigsten Ausführungen sind in Bild 35 zusammengestellt. Zwischen den Laufrollen liegt je ein Kettenstrang. Die Laufrollenanordnung beeinflußt die Förderleistung, weil im allgemeinen jedes Laufrollenglied ein Gehänge trägt.

Die Förderkette erscheint in Auf- und Abwärtsbögen der Führung in einem gebrochenen Linienzug, in dessen Ecken die Laufrollenglieder sitzen. Daraus folgt bei Aufwärtsbögen eine Annäherung zwischen Kettenstrang und Unterflansch bei I-Trägern (Bild 36) oder wie beim Tubusförderer zwischen Kettenstrang und oberer Wand des Rohres auf einen Abstand, der nicht kleiner als 5 mm sein darf. Großer Laufrollenabstand ist also unvereinbar mit kleinen Bogenradien in der Aufwärtsstrecke.

Bei der Belastbarkeit der Laufrollenglieder ist zu bedenken, daß im Abwärtsbogen eine Radialkomponente aus dem Kettenzug auf das Laufrollenglied wirkt und diese die Belastung durch das Gewicht des Förderteiles überlagert (Bild 36a). Im Aufwärtsbogen ist eine obere Rollenführung deshalb nötig, weil sich die Laufrollen, die sich sonst auf den unteren Flächen abwälzen, infolge der Kettenzugresultierenden abheben können und dann auf der oberen Seite der Führung laufen (Bild 36b).

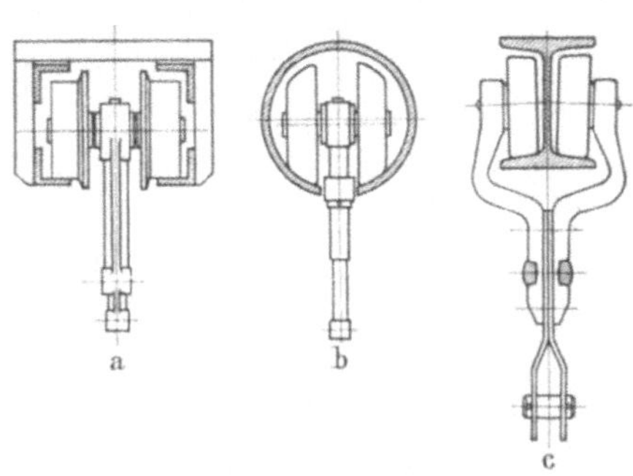

Bild 35. Grundformen der Kreisförderer in bezug auf die Führung und die Lage der Kette.
a) Winkelschienenbahn: Die Laufrollen bewegen sich auf zwei Winkeln, in Auf- und Abwärtsstrecken zwischen vier Winkeln. Die Kette liegt tief unter der Laufbahn. b) Geschlitztes Rohr: Die Laufrollen und die Kette bewegen sich im Rohrinneren. c) I-Träger-Bahn: Die Laufrollenträger umgreifen den unteren Flansch und die Laufrollen bewegen sich zwischen den Flanschen des Trägers. Die Kette liegt tief unter der Laufbahn.

31. Tragorgane. Mit den Laufrollengliedern sind Tragorgane, Gehänge oder Schaukeln, verbunden. Bild 37 zeigt das Gehänge eines Kreisförderers in Winkel-

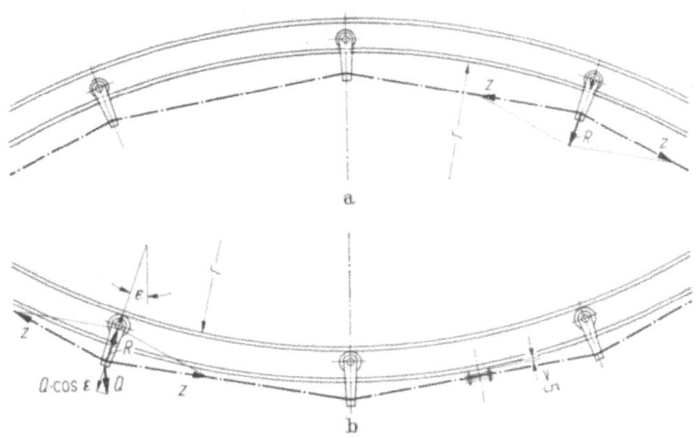

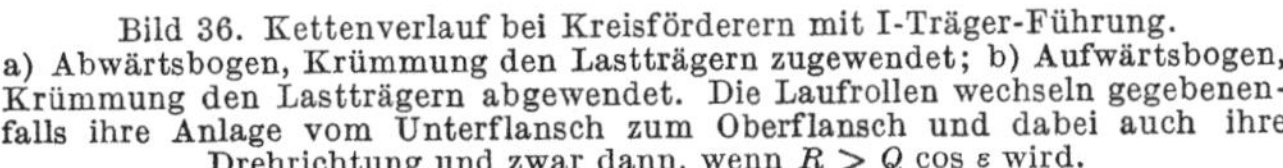

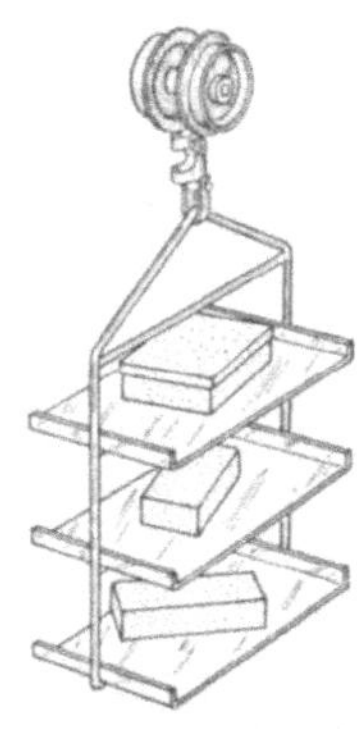

Bild 36. Kettenverlauf bei Kreisförderern mit I-Träger-Führung.
a) Abwärtsbogen, Krümmung den Lastträgern zugewendet; b) Aufwärtsbogen, Krümmung den Lastträgern abgewendet. Die Laufrollen wechseln gegebenenfalls ihre Anlage vom Unterflansch zum Oberflansch und dabei auch ihre Drehrichtung und zwar dann, wenn $R > Q \cos \varepsilon$ wird.

Bild 37. Laufrollenglied mit dreietagigem Schaukelgehänge für das Fördern von sperrigen Teilen, Schachteln u. dgl.

schienenbahn für eine Stahlbolzenkette. Die Tragorgane können auch für eine Zielabgabe des Fördergutes in der Weise eingerichtet sein, daß an der Abgabestelle von einer Vorrichtung die Schaukel über ein Hebelgestänge zum seitlichen Kippen gebracht wird.

Einfache Gehänge mit Abstellplatten werden entladen, indem eine, durch ein Steuersystem betätigte Rutsche die Platte anhält, neigt, und das Fördergut nach vorwärts abgleiten läßt, wie es das Bild 38 zeigt. Die Gehänge können aber auch von *zwei* Laufrollengliedern getragen werden, wobei dann eine bewegliche Gelenkverbindung das Verkürzen des Laufrollenabstandes beim Überlauf über horizontale Ablenkungen zulassen muß.

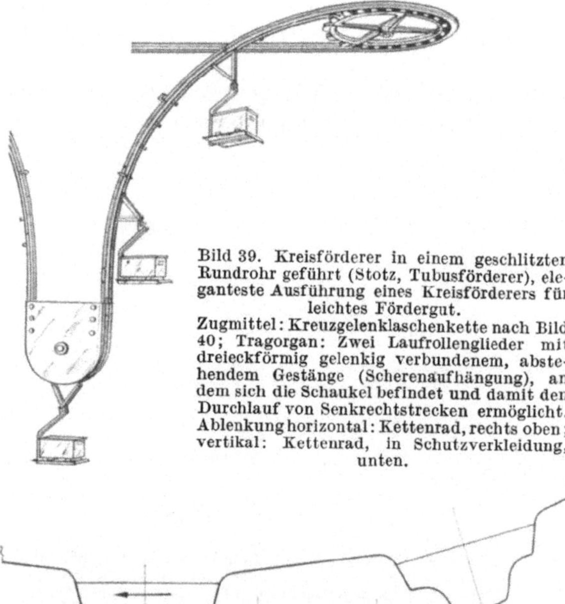

Bild 38. Übergabestation für Stückgut vom Kreisförderer auf Gurtförderer in schematischer Darstellung (Stotz). Die Übergabe vollzieht sich durch Abrutschen des Gutes von der Tafel der hängengebliebenen Schaukel über eine Rutsche auf den Gurt.
a Schaukel des Kreisförderers; *b* Wähleinrichtung für Zielansteuerung (Drehhebelbatterie); *c* Endschalter, der angetastet, die Kippeinrichtung in Gang setzt; *d* pneumatische Hebeeinrichtung; *e* Rolle mit der Funktion einer Stolperkante; *f* Gurtförderer, flach laufend, Förderrichtung rechtwinklig zum Kreisförderer.

Bild 39. Kreisförderer in einem geschlitzten Rundrohr geführt (Stotz, Tubusförderer), eleganteste Ausführung eines Kreisförderers für leichtes Fördergut.
Zugmittel: Kreuzgelenklaschenkette nach Bild 40; Tragorgan: Zwei Laufrollenglieder mit dreieckförmig gelenkig verbundenem, abstehendem Gestänge (Scherenaufhängung), an dem sich die Schaukel befindet und damit den Durchlauf von Senkrechtstrecken ermöglicht.
Ablenkung horizontal: Kettenrad, rechts oben; vertikal: Kettenrad, in Schutzverkleidung, unten.

Bild 40. Kreuzgelenklaschenkette für Rohrkreisförderer.
Die Kette besteht aus Laschenpaaren, die mit Kreuzgelenken verbunden sind. Jedes Laschenglied ist daher um 90° gegen die benachbarten gedreht. Die Kette erhält damit eine Raumbeweglichkeit. Das Teilungsverhältnis $t_2 : t_1$ ist etwa 2:1. Auf Grund des Aufbaus ist ein Kettenradeingriff nicht nur horizontal, sondern auch vertikal in unteren Ablenkungen, mit Lastträgern nach außen gerichtet, möglich. Die Zähne des Kettenrades greifen dabei immer zwischen das folgende gleichgerichtet liegende Laschenpaar.

32. Ablenkung. Die Kreisförderer benutzen zum Ablenken in Auf- und Abwärtsstrecken die Laufschienen. Die Kette stellt sich ihrer Beanspruchung entsprechend ein. Nur der Tubusförderer (Bild 39) mit seiner Kreuzgelenkkette (Bild 40) gestattet bei räumlich engen Verhältnissen das Kettenrad zum Ablenken in vertikaler Ebene zu benutzen. Damit kann das Fördergut gewissermaßen punktartig in den Bereich der menschlichen Zugänglichkeit herabgeführt werden.

In horizontaler Ebene werden die Förderer mit Rädern abgelenkt. Die Räder (Kettenräder) haben einen Zahnkranz und sind daher formschlüssig mit der Kette verbunden. Für einige der Kettentypen eignen sich Scheibenräder, also Räder ohne Zahnkranz, sofern die Kette, z. B. die Steckkette, genügend Steifheit besitzt, um beim Übergang nicht seitlich abzukippen. Dies ist mitunter vorteilhaft, da das Herstellen genauer Verzahnungen aufwendig ist und der Verschleiß an den Zahnflanken den periodischen Ersatz der Zahnräder nötig macht.

Große Räder (Durchmesser > 2 m) werden als Speichenräder ausgeführt, wobei auf dem Reifen ein Zahnkranz aufgeschweißt oder aufgeschraubt wird. Für große Ablenkradien und bei Kettentypen, die über Scheibenräder zu laufen vermögen, können zum Ablenken auch Rollenbögen benutzt werden. Hierfür werden schwere zylindrische Rollen in stetiger Folge in hochkantgebogenen Flachstählen befestigt (Bild 41).

Mit Rollenbögen lassen sich besonders kleine Richtungsänderungen einfach und bequem erreichen.

33. Antrieb. Die Kreisförderer werden je nach Kettentyp mit Kettenrad oder Schleppkette angetrieben. Der Radantrieb (Bild 42) steht fest und befindet sich an einer großen Umlenkung. Eine Sicherheitskupplung auf der Radachse verhindert, daß die Kette überlastet wird. Wäh-

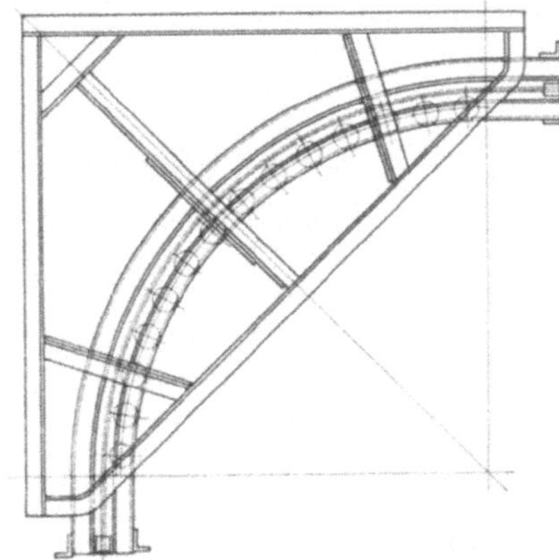

Bild 41. Rollenbogen für Kreisförderer mit Abstützung der Kette durch Rollen im Winkelbereich von 90°.
Der Kettenführungsbahn, dem I-Träger, ist eine Führungsbahn für den Folgeförderer, eine Doppel-U-Bahn, unterbaut.

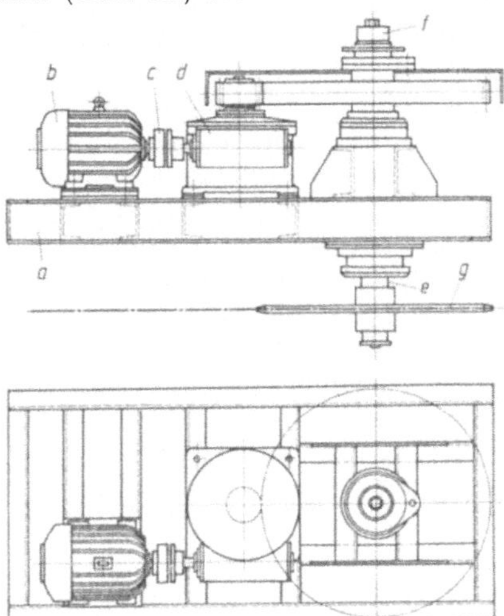

Bild 42. Kettenradantrieb für Kreisförderer in einfacher Form. Das Kettenrad befindet sich in Höhe der Förderkette und greift in diese in einem Ablenkungsbereich von 90 bis 180° ein.
a Gestell zur Aufnahme der Baugruppe; b Elektromotor; c Kupplung; d Untersetzungsgetriebe; e Antriebswelle mit f Ascherkupplung zur Sicherung gegen Überlabstung; g Kettenrad.

rend der Radantrieb an einer Stelle der vollen Kettenumlenkung oder zumindestens in einer Ecke sitzen muß, erlaubt es der Schleppkettenantrieb, die Kette auf der *geraden* Strecke anzutreiben.

Anstelle der Zähne des Kettenrades greifen zahnähnliche Nocken der Schleppkette in die Förderkette ein. Die Nocken sitzen auf jedem zweiten Glied der Schleppkette, und ihre Teilung ist um etwa 1% geringer als die halbe Teilung der Förderkette, so daß sie sich ohne Widerstand aus dem Eingriff lösen kann. Die Schlepp- und Förderkette ist in ihrem gegenseitigen Eingriffsbereich durch Rollenbatterien abgestützt, die ein Ausweichen verhindern. Der ganze Antrieb kann längsbeweglich an der Führungsschiene angeordnet sein, wie es Bild 43 zeigt. und ist als „schwimmender"

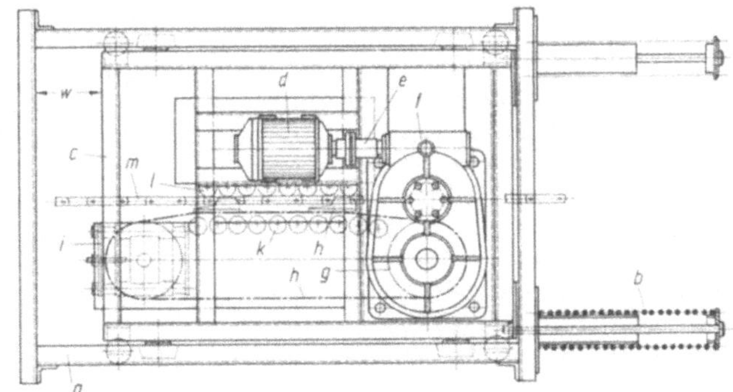

Bild 43. Schleppkettenantrieb für Kreisförderer in „schwimmender" Form (Stotz).
Dieser Antrieb ist nur für Förderkettentypen geeignet, bei denen die Verbindung zwischen Kette und Laufrollenträgern innerhalb des von der Kette beanspruchten seitlichen Raumes liegt. Der Antrieb kann auf der geradeverlaufenden Strecke der Förderbahn eingebaut werden. Der innere Rahmen stellt sich dem Kettenzug entsprechend in eine Lage des dynamischen Gleichgewichtes zwischen Federkraft und betrieblich sich veränderndem Kettenzug im Bereich der Länge *w* ein.
a Äußerer Rahmen; b Druckfedern; c innerer Rahmen (Fahrwagen); d Elektromotor; e Kupplung; f Untersetzungsgetriebe; g Kettenrad mit h Schleppkette; i Spannung für Schleppkette; k Stützrollenbatterie für Schleppkette; l Stützrollenbatterie für Förderkette; m Förderkette.

Antrieb für eine ausgeglichene Kraftübertragung vorteilhaft, insbesondere, wenn mehrere Antriebe im Förderer gebraucht werden.

34. Kettenspannung. Die Förderkette muß auf der ganzen Strecke gespannt sein. Dies gilt insbesondere für die Strecke (in Bewegungsrichtung) hinter dem Antrieb, wo der Kettenzug auf null absinken würde. Die Spannung ist aber nur durch ein Längen der Kette zu erreichen, und dies erfordert den Einbau einer Einrichtung der beweglichen Längsänderung in die Führungsbahn. Bei rohrartigen Führungsbahnen sind diese ineinander verschiebbar gebaut, bei I-Trägern überlaufen die Rollen den unteren Flansch auf einer schmalen längsgeteilten Fläche oder in einer leichten Stufe.

Die Spannkraft, meist über ein Seil durch ein Spanngewicht eingeleitet, darf nur auf die Kette wirken. Daher wird das Umlenkrad einer 180°-Ablenkung mit dem Spanngewicht fest verbunden. Die Führungsbahn nimmt an der Spannbewegung teil, wird aber nur durch das Gewicht der Laufrollenglieder belastet. Da sich vor der Spannstation die Polygonwirkung auf die Förderkette deutlich bemerkbar macht, muß die Fahrbahn den Laufrollengliedern die entsprechende seitliche Bewegungsfreiheit geben.

35. Kettenzug am Kreisförderer. Für den Bau und den Betrieb ist die Kenntnis über den Verlauf des Kettenzuges von Bedeutung. Der Bewegung des Kreisförderers stellen sich.

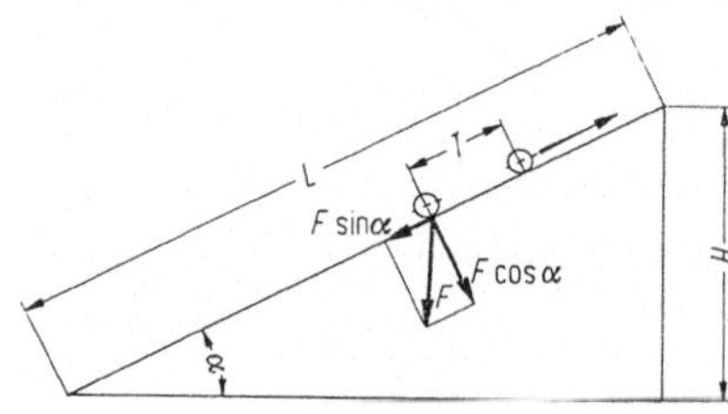

Bild 44. Hubarbeit am Kreisförderer.

abgesehen von den Massenkräften beim Ein- und Abschalten, Bewegungswiderstände entgegen, die vom Antrieb überwunden werden. Die Fahrwiderstände sind in hohem Grade konstruktionsabhängig. Von ausschlaggebender Größe ist die dem Förderer zugemutete Hubarbeit, die sich aus der einfachen geometrischen Überlegung ergibt (Bild 44). Mit F als Gewicht des Kettenstranges der Länge T einschließlich Laufrollenglied und Gewicht des Fördergutes je Laufrollenglied wird die Zahl der Laufrollenglieder:

$$n = L/T\,,$$

und der Kettenkraftzuwachs im Bereich der Aufwärtsstrecke:

$$\varDelta Z = n\,F\,\sin\alpha = H\,F/T\,.$$

36. Verbundkreisförderer. Die Verbindung eines Kreisförderers, der nur die Aufgabe hat, die Zugkraft als Dauerleistung zu übernehmen, mit einem Folgeförderer, der nur aus einzelnen Lastgehängen besteht, hat sich in der Serienfertigung für große Verbrauchsgüter eingeführt. Wie aus Bild 45 zu ersehen, verläuft unter der Führungsbahn für den Kreisförderer eine Führungsbahn aus zwei U-Schienen, zwischen denen sich ebenfalls Laufrollenglieder als Lastträger bewegen. Durch Absenken der unteren Führungsbahnen von der oberen läßt sich die kraftschlüssige Verbindung von Kreisförderer mit dem Lastträger lösen, durch Anheben wieder herstellen.

Bild 46a zeigt einen festen und Bild 46b einen gefederten Mitnehmer als Einbauglied zwischen zwei Laufrollengliedern einer Steckkette. Der gefederte Mitnehmer läßt ein Ansammeln von Lastträgern auf der Strecke zu, und zwar dadurch, daß zuerst eine Klinke des Lastträgers überfahren wird, und dann, wenn der Lastträger angehalten wird, der gefederte Nocken über die zweite Klinke hinweggleitet. Mit diesem Förderersystem lassen sich selbst sehr große Stücke, wie Karosserien, in Stapelstrecken ein- und ausfahren.

Einen Pufferwagen, der aus einem Mitnahmelaufrollenglied und zwei Zwischenlaufrollengliedern besteht, zeigt Bild 47. Aus der Förderkette wird jeder neu einlaufende Wagen durch den Mechanismus des Auflaufhebels herausgelöst.

Da die Bahn des Folgeförderers von der Kreisfördererbahn abgeleitet und durch Weichen zu Abstellstrecken ausgebaut werden kann, läßt sich damit ein wanderndes Lager schaffen, aus dem die Teile wahlweise in die Bahn des Kreisförderers zurückzubringen sind.

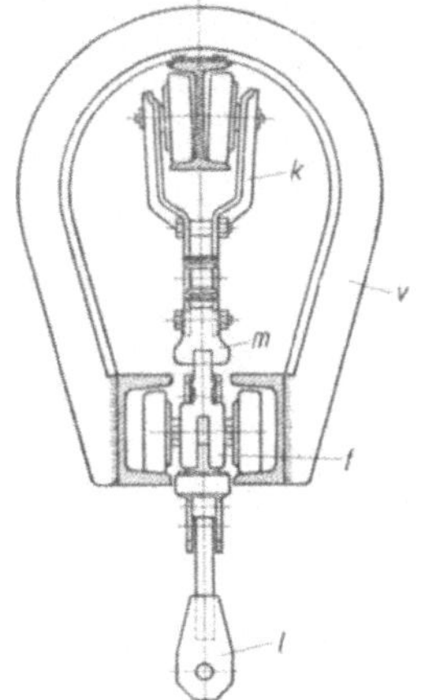

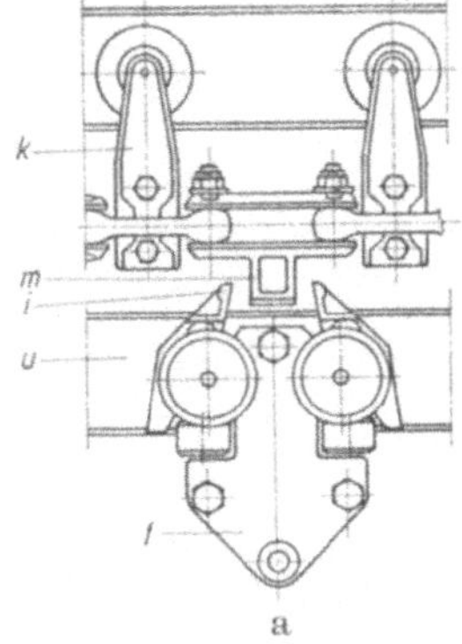

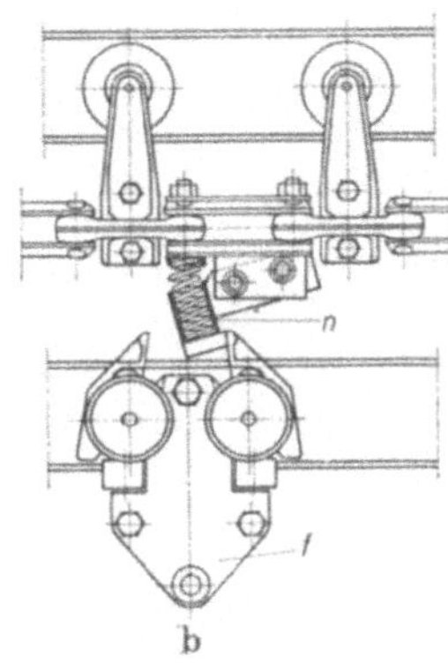

Bild 45. Schnitt durch die Bahn eines Verbundförderers (Stotz). *Oben*: Kreisförderer mit Laufrollenglied k und festem Mitnehmer m. *Unten*: Folgeförderer, Laufrollenglied f zwischen U-Schienen laufend. l Lasche für Lastbefestigung, v Verbindungsbügel für beide Schienenführungen.

Bild 46. Verbindung zwischen Kreisförderer und Folgeförderer, Verbundkreisförderer (Power and Free) (Webb).
a) Zwei Laufrollenglieder k des Kreisförderers mit dazwischen liegendem festen Mitnehmer m für das Laufrollenglied f des Folgeförderers. Die Klinken i werden auf der Strecke überfahren und dadurch kommt eine lageabhängige Verbindung zustande, die erst durch Absenken oder seitliches Abweichen der Folgefördererbahn (2 U-Schienen u, davon die hintere sichtbar) gelöst wird.
b) Die gleichen Laufrollenglieder mit gefedertem Mitnehmer für eine Stapelstrecke im Bereich des Kreisförderers. Der gefederte Nocken n weicht beim Überschreiten einer bestimmten Kraft nach oben aus und gibt das untere Laufrollenglied f frei. In ansteigenden Strecken wird das Ausweichen in der Weise verhindert, daß beide Führungsbahnen einander mehr genähert werden.

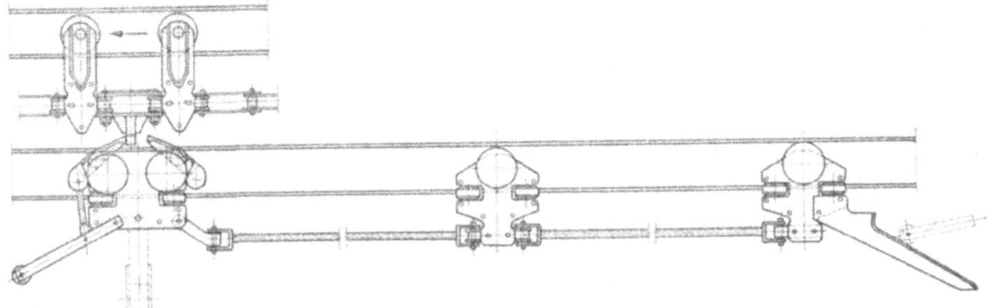

Bild 47. Verbundkreisförderer (Stotz), bestehend aus Kreisförderer mit Laufrollengliedern und festem Mitnehmer und Folgeförderer mit Pufferwagen aus drei Laufrollengliedern, die sich nach Auflauf auf einen auf der Strecke stehenden Pufferwagen selbsttätig aus der Verbindung mit dem Kreisförderer lösen.

E. Schaukelförderer

Er dient vorzugsweise dem senkrechten Fördern, wobei oben oder unten eine kurze waagerechte Strecke angeschlossen sein kann. Zwei Ketten, meist Buchsenketten, bilden das Zugmittel. Bild 48 zeigt die obere Wendestelle eines solchen Förderers, der mit einer gekröpften Laschenkette betrieben wird. Die Schaukeln hängen mit ihren Zapfen in der Laschenmitte und stellen sich wegen der Schwerpunktlage immer senkrecht ein. Die Tragfläche der Schaukeln ist gabelförmig ausgebildet, so daß auf der Abwärtsstrecke ein gleichartiges Abnahmeelement zur Übernahme des Fördergutes durchlaufen werden kann. Sitzen die Ablenkräder auf einer durchgehenden Achse, dann kann die Schaukelhöhe nur kleiner sein als der Teilkreishalbmesser.

4*

F. Steilförderer

Für die Schräg-Hochförderung von Stückgut können Gurtförderer benutzt werden, sofern der Gurt in regelmäßigen Abständen Mitnehmerleisten besitzt,

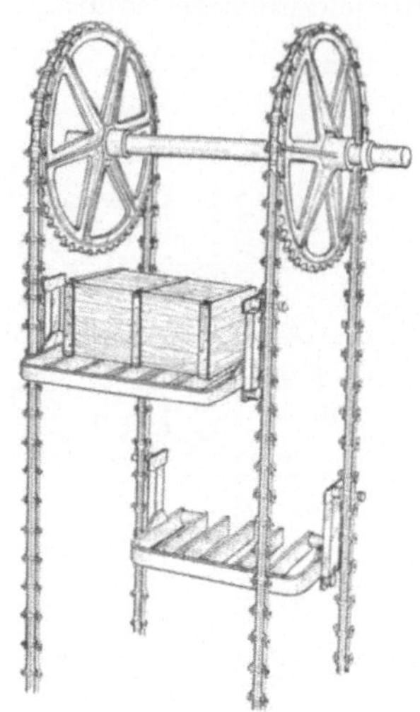

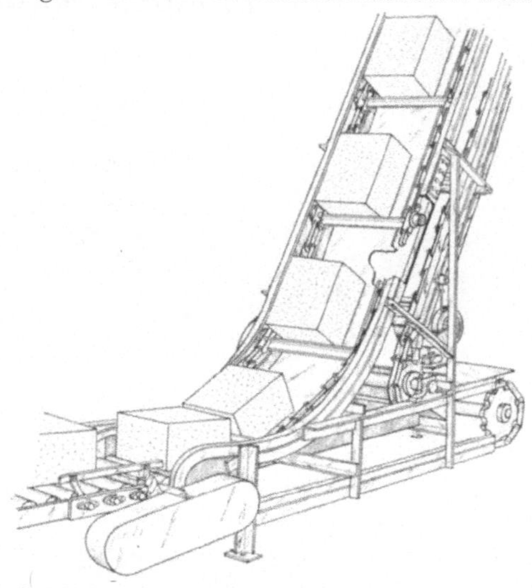

Bild 48. Schaukelförderer, obere Ablenkung. Der Antrieb ist meist mit dieser Welle verbunden. Gehänge mit gabelförmiger Tragfläche für selbsttätige Abgabe des Fördergutes.

Bild 49. Steilförderer (Stotz) für das gleitende Aufwärtsfördern von Stückgut bei Übergabe durch eine Rollenbahn. Der Förderer läuft flach an und geht bogenförmig in die steile Richtung über. Der Antrieb ist hinter der unteren Aufgabe. Die Förderkette verläuft nach rückwärts zur Spannstation und wird dann an die Aufgabestelle herangeführt.

die sich vor das Förderstück legen. Weiterhin können Plattenbänder mit gleicher Einrichtung benutzt werden. Es handelt sich also nur um eine Variation der Bandförderer, die nach der Begriffsfestlegung als Steilförderer gilt. Im strengeren Sinn sind Steilförderer gleichartige Fördereinrichtungen, wobei der Unterschied in der Arbeitsweise darin besteht, daß das Fördergut auf einer tragenden Fläche gleitend hochgezogen wird.

Bild 49 zeigt einen derartigen Steilförderer mit zwei Buchsenförderketten, die durch Stege miteinander verbunden sind. Die Stege stellen gleichzeitig die Mitnehmer für das Förderstück dar. Die Abgabe des Fördergutes erfolgt über Kopf auf Rutschen, Förderbänder oder Rollenbahnen.

G. Wandertische

Die senkrecht gestellte Kette, die sich nur in der horizontalen Ebene ablenken läßt, ist bei den waagerecht umlaufenden Tischkreisförderern, wie sie vielfach bezeichnet werden, das bestimmende Merkmal. Auf der Kette sind schuppenartige Blechplatten aufgesetzt, die sich so mit ihren kreisförmigen Ausschnitten aneinanderlegen, daß beim Durchlauf durch Bögen noch nahezu ein gleich breites zusammenhängendes Band erhalten bleibt. Auf der geraden Strecke läßt sich eine Platte nicht aus der Bandrichtung herausdrehen, selbst wenn sie nur im Drehpunkt befestigt wäre.

Im Bild 50 ist die Ausführung eines solchen waagerecht umlaufenden Wandertisches zu sehen, bei dem eine Stahllaschenkette das verbindende Zugmittel ist. Die einzelnen Platten laufen mit Bundrollen auf Führungsschienen. Auf geraden Strecken bestimmen die Laufschienen für die Bundrollen den Kurs, in Ablenkungen die sternförmigen Kettenräder.

H. Bandförderer

Die Bezeichnung der Bandförderer (Stahlband-, Gummigurt-, Textilgurt-, Drahtgurtförderer) richtet sich nach den benutzten Zug- und Tragmitteln. Bei diesen Förderern läuft ein endloses Band über zwei zylindrische Trommeln mit horizontalliegender und genau paralleler Achse. Die einwandfreie Führung des Bandes ist unerläßlich, da es sonst von seiner Bahn abläuft.

Für die Bänder ergeben sich die beiden einander entgegengerichteten Forderungen nach genügender Steifigkeit als tragende Fläche und nach hoher Biegsamkeit für die Umlenkung an den Enden des Förderers. Große Steifigkeit bedingt große Durchmesser der Trommeln,

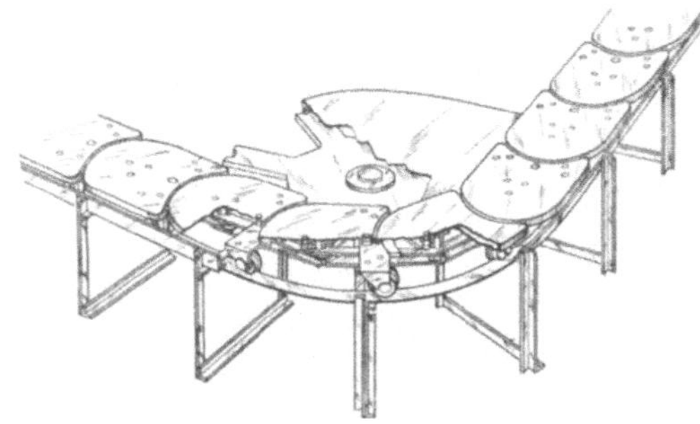

Bild 50. Wandertisch, waagerecht umlaufend, 90°-Ablenkung. Ein auf der senkrecht stehenden Kette geschlossenes Schuppenband wird durch Bundrollen getragen. Die große Kettenteilung erfordert ein sternförmiges Ablenkrad, das in der Arbeitsfläche abgedeckt ist.

gute Biegsamkeit zwingt zu vielen Bandunterstützungen auf der Förderstrecke, was konstruktiv vermieden werden möchte. Hinzu kommt bei Schüttgutförderung, daß neben einer hohen Längssteifigkeit eine geringe Quersteifigkeit für die gemuldete Bandführung erwünscht ist.

Für das Betrachten eines Bandförderers sind bedeutungsvoll: Band, Antrieb, Ablenkung mit Spannung, Bandführung auf der Förderstrecke und Sicherung des Geradlaufs. Den grundsätzlichen Aufbau eines Bandförderers für Schüttgut zeigt Bild 51.

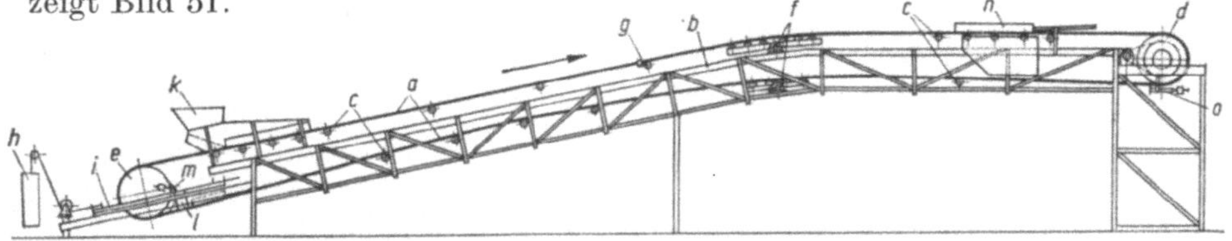

Bild 51. Bandförderer für Schütt- und Stückgut, grundsätzlicher Aufbau.
a Förderband aus Stahl, flach laufend; b Fördergestell in Fachwerkausführung; c Bandtragrollen; d Antriebstrommel; e Spanntrommel; f Umlenkrollenbatterie nach dem Wiegegelenksystem; g seitliche Bandführungsrolle zur Sicherung des Geradlaufs; h Seilspannung mit Spanngewicht; i Spannrahmen, geschlossen; k Aufgabetrichter für Schüttgut, entfällt bei Stückgut; l Abstreifer, pflugförmig, zum Bandschutz; m Trommelreiniger; n Abstreifer, seitlich, für Fördergut; o Bandreiniger, nur bei Schüttgutförderung.

37. Förderband und Fördergurt. Als Bänder im engeren Sinne werden nur die Zugmittel bezeichnet, die aus Stahlband hergestellt sind, alle anderen Zugmittel nennt man Gurte, auch solche aus Drahtgeweben. Die Gurte stellen den Hauptanteil der Zugmittel. In Tab. 12 (S. 40) sind die wichtigsten Zugmittel mit ihren Merkmalen einander gegenübergestellt.

Jedes Förderband, mit Ausnahme vom reinen Stahlband, besteht aus einem Zugträger und einer dem Verschleiß, der Wärme, der Feuchtigkeit oder anderen Angriffen widerstehenden Umhüllung, der Decke. Die Decke auf der Laufseite soll weiterhin zu einem hohen Reibungsschluß zwischen Antriebstrommel und Band beitragen, auch bei nassem und feuchtem Betrieb.

Tab. 13 (S. 40) nennt die gebräuchlichen Gummifördergurte. Es sind nur die Angaben für den Zugträger zusammengefaßt. Die Bezeichnung eines Fördergurtes hat dabei das neben der Tabelle angegebene Schema.

38. Antrieb. Der Antrieb bewegt das Band mit dem Fördergut gegen alle Widerstände der Förderstrecke. Die Widerstände ergeben sich aus der Förderleistung, der Drehbewegung aller Stützrollen, der Bandverformung unter dem Eindruck des Fördergutes und dem Eingriff von Bandreinigern, Abstreifern usw.

Tabelle 12. *Vergleichende Übersicht über die Zugmittel der Bandförderer*

Bezeichnung	Gummifördergurte DIN 22 102	Fördergurte m. Stahlseileinlagen DIN 22 131	Stahlförderbänder ungeschützt	in Gummibettung
Schematischer Aufbau im Schnitt				
Gesamtdicke mm	>5	>13	$t \gtreqqless 0,8$	>4
Zugträger — Werkstoff	Textilgewebe B,Z,R,E	parallel liegende Drahtlitzen aus je 7 Drähten ab	nichtrostd. Stahl	Stahlband ≈ Ck 67 H+A
Zugträger — Lagenzahl z	3...6	$d \lesseqqgtr 4,3 - 6,0 - 7,5 - 8,5 - 9,5$	—	—
Zugträger — Festigkeit kp/cm	50...500 je Lage	1000...400	1050...2100	
Decke — Werkstoff	Natur- und synth. Gummi, PVC	synthetischer Gummi	—	synth. Gummi
Decke — Dicke Laufs. mm	≧2	≧4	—	≈2,5
Decke — Dicke Trags. mm	≧3	≧6	—	3...10
Dehnung %	<2	<0,1	nicht meßbar	
Verbindung der Gurt- bzw. Bandenden	Einlagen freigelegt, überlappend gestuft, einvulkanisiert oder einfach mit Bandklammern geheftet	Ineinanderschachteln und Voreinanderstoßen der freigelegten Stahllitzen an den Gurtenden und Einvulkanisieren derselben	Schweißen Nieten oder Kleben	Nieten und Vulkanisieren oder überdeckend Vulkanisieren
zul. Temp.-beanspruchg	bis 150 °C PVC bis 80 °C	bis 150 °C	bis 400 °C	bis 150 °C
Antriebstrommel-D. mm	200...2000	800...1400	750...2200	
zu errechnen aus Formel	$D = \dfrac{350 \cdot F}{p \cdot \pi \cdot \alpha \cdot B} > 0,125 \dots 0,18 \cdot z$ — F = Zugkraft am Gurt, p = Festigk. d. Gurtes	$D \gtreqqless 160 \cdot d$ — d = Litzendurchmesser	$D = \dfrac{E \cdot t}{30 - \sigma_z}$ — $\sigma_z \gtreqqless 16\ \text{kp/mm}^2$, $E = 20500\ \text{kp/mm}^2$	
für Bandförderer mit — Längen l m	bis ≈1000	1000...5000	bis 2000	
Geschw v m/s	bis 1,7 bei → 4,5 bei	1,8...6,0	bis 3,5	
Breiten B m	0,5 → 2,0	0,65...2,2	üblich bis 2 (aber bis 4 möglich)	
Verwendungshinweise — Eignung f. Stoffe	Transportgut aller Art, ferner industrielle Fertigerzeugnisse, auch Lebensmittel; Arbeitstische	Kohle, Erze, Baustoffe, Gestein, Erde	Güter aller Art, industrielle Erzeugnisse, vorzugsweise als Arbeitstisch	Kohle, Erze, Baustoffe usw.
Verwendungshinweise — Sonderheiten	geeignet zur Muldung in verschiedener Form, ferner mit Stollen und Zwischenwänden für Steilförderung	im allgemeinen nur für Umschlag von Massengut	Perforation und Lochung möglich für Waschen u. Trocknen u. zum Durchgang in Öfen und Kühlkammern	verwendet auch für Personenbandförderer (rollende Teppiche)

Tabelle 13. *Gebräuchliche Gummifördergurte*

Gewebequalitäten	Dicke je Lage mm	Trommel-Dmr. mm
* B 50/20	1,2	90
* BZ 60/30	1,4	100
* BZ 80/35	1,6	110
(*) Z 90/40	1,2	100
(*) RP 125/50	1,4	100
RP 160/60	1,5	150
RP 200/80	1,6	175
EP 160/60	1,3	150
EP 200/80	1,5	175
EP 300/80	2,0	225
EP 400/100	2,3	250

  * entsprechen
(*) sind ähnlich   DIN 22 102

B Baumwolle   P Polyamid
Z Zellwolle   E Polyester
R Reyon

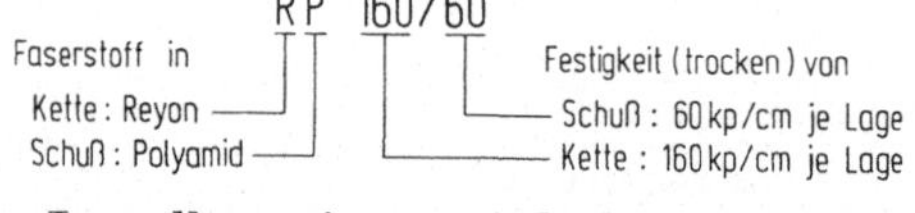

Im allgemeinen wird der Antrieb so gesetzt, daß er das beladene Trum auf sich zuzieht. Die Kraftübertragung ist abhängig von der Größe der Vorspannung am leer zurücklaufenden Trum, dem Umschlingungswinkel des Bandes an der Antriebstrommel und dem Reibungskoeffizienten zwischen Band und Trommel (Bild 52). Kann *eine* Antriebstrommel nicht den erforderlichen Bandzug liefern, so sind deren zwei zu benutzen.

Bei kleinen Förderern, insbesondere wenn sie als Arbeitstische benutzt werden, ist gelegentlich ein Richtungswechsel der Bandbewegung erwünscht. Der Antrieb wird dazu lediglich umgesteuert. Die Bandgeschwindigkeiten werden meist auf einen vorbestimmten Wert festgelegt, bei Fließbändern etwa 0,3 m/s. Der Zwischenbau eines Getriebes mit veränderbarer Drehzahl kann gelegentlich vorteilhaft sein.

Bei trag- oder fahrbaren Gurtförderern ist eine konstante Drehzahl nicht nachteilig. Zum Antrieb dienen Trommelmotoren (Bild 53), die sich auf engem Raum günstig unterbringen lassen.

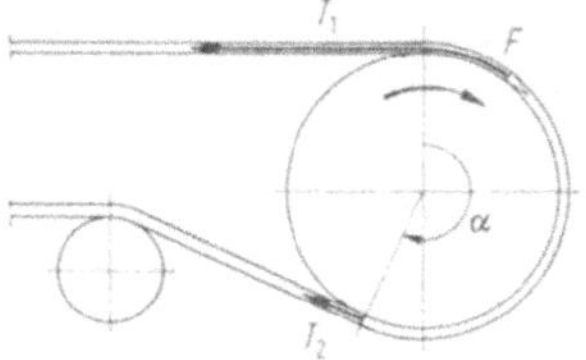

Bild 52. Die am Band wirkenden Kräfte im Bereich der Antriebstrommel.
$$T_1 = T_2 \cdot e^{\mu a}$$
$[\mu =$ Reibungskoeffizient zwischen Gurt und Trommel (0,1 bis 0,4)]; $T_2 =$ Vorspannung; $F = T_1 - T_2$ nutzbarer Gurtzug.

39. Spannstation und Spanntrommel. Stahlbänder dehnen sich nur im elastischen Bereich und unter Einwirkung der Wärme. Die Längsdehnung braucht daher nicht berücksichtigt zu werden, wenn auch durch geeignete Mittel für das Einstellen der richtigen Betriebsspannung zu sorgen ist. Gewebegurte haben unvergleichlich größere Dehnungen, die nur durch bewegbare Spanntrommeln ausgeglichen werden können, um immer gleiche Spannung im Gurt zu haben. Jede Spannung muß durch achsparalleles Verschieben der Trommel unter Erhalten einer gewissen Nachgiebigkeit erreicht werden. Die beste Lösung ist die über ein Seil wirkende Gewichtsbelastung. Die Spannung durch Schraubenspindeln auf beiden Trommelseiten kann zu einer ungleichen Einstellung führen und ist außerdem nur für kurze Fördererlängen geeignet. Spannfedern sind selten anzutreffen.

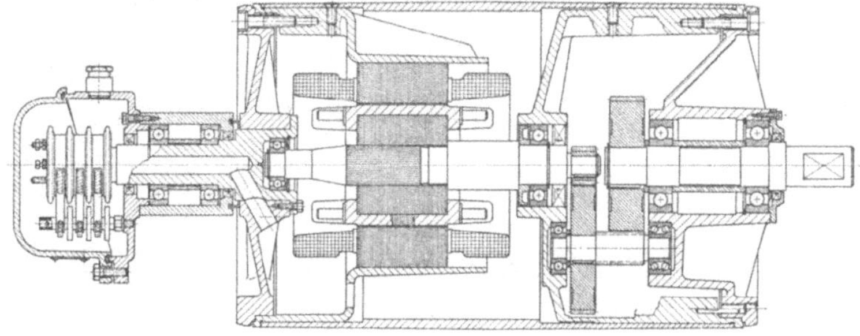

Bild 53. Trommelmotor für Gurtförderer im Schnitt (Bauer), bestehend aus einem Rohr, in das auf der einen Seite ein asynchroner Drehstrommotor, auf der anderen Seite das Untersetzungsgetriebe eingesetzt ist. Der Strom wir vom Schaltkasten über Schleifringe durch die Hohlwelle zugeführt. Eine Rücklaufsperre in Form eines Rollenfreilaufes ist zusätzlich einbaubar. Die beiden Einspannzapfen sind ungleich.
Trommelmotoren werden für Leistungen von 0,04 bis 20 kW und Gurtgeschwindigkeiten von 0,02 bis 2,5 m/s gebaut.

40. Bandführung. Bei kurzen Fördererlängen, z. B. bei Arbeitstischen, kann das Band oder der Gurt auf einer ebenen Fläche gleitend abgestützt werden. Arbeitstische sind Bandförderer, an denen an langsam bewegten Teilen Arbeitsvorgänge, wie Zusammenbauen, Prüfen, Verpacken, ausgeführt werden. Das Teil muß sehr ruhig laufen; dies erfordert eine ebene Unterlage. Tab. 14 zeigt die kennzeichnenden Merkmale von Arbeitstischen, denen die der üblichen Bandförderer für Schüttgut gegenübergestellt sind. Tab. 15 zeigt die Merkmale der rollenden und gleitenden Bandabstützung bei den Bandförderern, soweit sie als Arbeitstische dienen.

Die Gurtförderer für Schüttgut werden meist durch Rollen abgestützt. Die Rollenanordnung bestimmt die Art der Gurtführung. Die drei verschiedenen Arten der Anordnung der Trag- oder Stützrollen und die üblichen Rollengrößen zeigt Bild 54 (S. 43). Das rücklaufende unbelastete Trum wird immer flachlaufend geführt. Die Form der Muldung des tragenden Trums ist unterschiedlich und wird vom Fördergut bestimmt. Für Stückgut wird stets der flachlaufende Gurtförderer vorgezogen.

41. Geradlauf. Während gemuldete Gurte ohne Schwierigkeiten gerade laufen, ist dies bei flach laufenden Bändern kaum zu erwarten. Hier müssen stän-

Tabelle 14. *Vergleichende Gegenüberstellung der Merkmale von Bandförderern in ihrem Einsatz als Arbeitstische und Anlagen für die Schüttgutförderung*

Merkmale		Arbeitstische	Anlagen für Schüttgutförderung
Streckenlänge		kurz, bis höchstens 100 m	alle Längen bis 5000 m und mehr bei Verbundsystemen
Antrieb	Umkehr-	oft vorgesehen	nur selten, bei kurzen Förderern
	Mehrfach-	entfällt	bei langen Förderern mit Fördergurten mit Drahtseileinlagen üblich
Geschwindigkeit m/s		üblich 0,2 (bis 0,4)	> 1 (bis 5)
Band-führung	flachlaufend	übliche Anwendung	sehr selten
	gemuldet laufend	selten	übliche Anwendung
Geradlauf-bedingungen	im allgem.	ungünstig	gegeben b. gemuldeter Bandführung
	gezielte Maßnahmen	durch Spurleisten am Band meist gesichert	durch Einbau von Führungselementen immer gesichert
Gutaufgabe		Überschieben von Hand oder durch Vorrichtung	Einwurf in Trichter auf das in diesem Bereich abgepolsterte Band
Gutabgabe		Abstreifen und Abnehmen	Abwerfen über Kopf am Bandende, auch auf der Strecke durch angeordnete Abwurfwagen — sonst durch Abstreifvorrichtungen

Tabelle 15. *Vergleichende Gegenüberstellung der Merkmale von Arbeitstischen, deren Bänder rollend und gleitend abgestützt sind*

Art d. Bandabstützung		Rollend	Gleitend
Stützelemente		Tragrollen , eventuell mehrteilige Tragrollenstühle	Gleitplatten und Gleitleisten : aus Stahl , Holz u. Kunststoff
Schematische Darstellung	gemuldet laufend		
	flach-laufend		
Laufruhe des bewegten Gutes		nicht vollig gewährleistet	sehr gut
Kraftbedarf für Bandbewegung		gering	größer als bei rollend abgestützten Bändern
Verschleiß		keiner	unter Umständen vorhanden
Anwendung		für schwere Teile / bei zu erwartender Staubentwicklung	bei mäßiger Bandbelastung / bei sauberem Betrieb

dige Korrekturen vorgenommen werden, bis ein befriedigendes Resultat erreicht ist. Um die vielen hier hereinspielenden Unsicherheitsfaktoren zu umgehen, werden für Arbeitstische Stahlbänder mit aufvulkanisierten Spurleisten aus Kautschuk verwendet. Diese Bänder laufen über genutete Räder und haben dadurch eine einwandfreie Führung.

I. Schwerkraftförderer

42. Rollen- und Röllchenbahnen. Das auf Bahnen dieses Typs bewegbare Stückgut muß einen ebenen Boden haben oder auf Platten abgestellt sein, wobei die Länge der tragenden Fläche mindestens der 2,5-fachen Rollenteilung entsprechen muß.

Obwohl es angetriebene Rollenbahnen gibt, zählt man sie doch zu den Schwerkraftförderern. Die Eigenbewegung des Stückgutes setzt ein, wenn es auf die Rollenbahnen gesetzt wird. Hierzu wird die Bahn gegen die Horizontale um einen Winkel ($\approx 3°$) leicht geneigt, dessen Größe abhängig ist von der Rollenkonstruktion, der Größe und dem Gewicht des Förderstückes und der Art des tragenden Bodens. Bei zu großer Neigung beschleunigt sich die Bewegung des Förderstückes zu stark, so daß es am Ziel mit unerwünscht großer Energie auftrifft oder infolge seiner Massenträgheit überläuft. Die günstigste Geschwindigkeit liegt bei 0,5 m/s. Die Förderstrecke ist daher in ihrer Neigung oft einstellbar.

Die Rollen bestehen aus Rohren, die sich mit kugelgelagerten Böden auf durchgehenden Achsen drehen. Bei schweren Rollenbahnen werden Rollen mit Kappenlagerung verwendet, wobei Rohre mit Zapfenböden eine feste Einheit bilden und die Zapfen außerhalb der Rolle in Gehäuselagern laufen. Als Rollenmäntel dienen gezogene Rohre, während dickwandige Rohre nach DIN 2448, gelegentlich überdreht, für schwere Rollenbahnen verwendet werden.

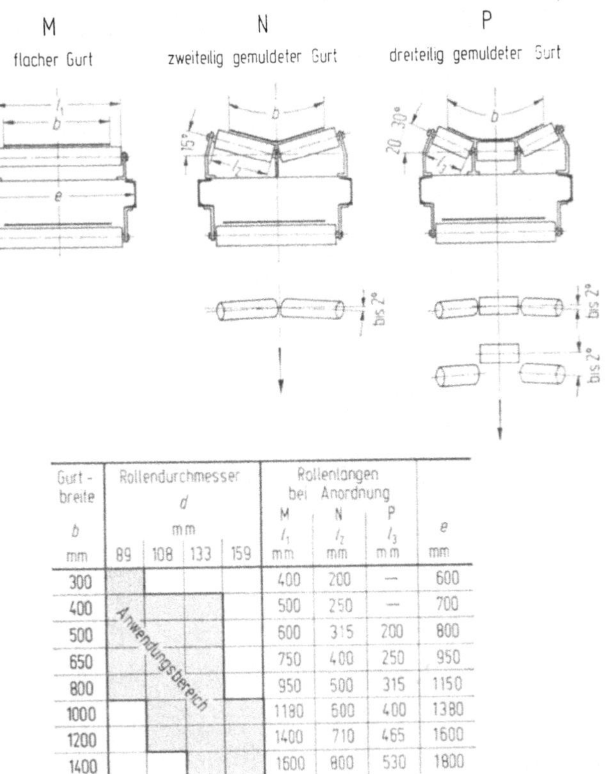

Gurt-breite	Rollendurchmesser				Rollenlängen bei Anordnung			
	d				M	N	P	
b	mm				l_1	l_2	l_3	e
mm	89	108	133	159	mm	mm	mm	mm
300					400	200	—	600
400					500	250	—	700
500					600	315	200	800
650					750	400	250	950
800					950	500	315	1150
1000					1180	600	400	1380
1200					1400	710	465	1600
1400					1600	800	530	1800

Bild 54. Anordnung der Tragrollen bzw. Tragrollenstühle bei Gurtförderern, schematisch dargestellt in Schnitten nach DIN 22107 mit den Rollengrößen in Abhängigkeit von der Gurtbreite und Gurtführung.

Da die Rollbahnrollen Massenerzeugnisse sind, haben sich für die Böden mit den eingebauten Lagern viele Formen entwickelt. Einen Rollenboden für leichte Rollenlagerung zeigt Bild 55 (S. 44). Die Lagerung muß in größeren Zeitabständen gereinigt und neu gefettet werden.

Die Rollenachse wird in Schlitze der tragenden Seitenwangen des Gestells eingelegt oder in Löcher eingesteckt und zwischen Achsmuttern eingeklemmt. Die Rollen werden ohne oder mit Schmiereinrichtung hergestellt; die Rollenbahn kann sogar mit einer zu allen Rollen führenden Zentralschmiereinrichtung ausgerüstet sein.

Bild 56 zeigt eine Rollenbahn mit Rollen, die in die Seitenwangen auf der einen Seite ihrer Achse eingesteckt, auf der anderen Seite eingelegt sind, mit einem anschließenden Rollenbogen. Dieser muß mit konischen Rollen oder mit unterteilten zylindrischen Rollen belegt sein, um das Fördergut in die Bewegungsrichtung zu zwingen.

Die Rollenbahnen sind leicht allen Bedürfnissen der Betriebe anzupassen. Sie können mit Weichen und Steuereinrichtungen ausgerüstet sein, und die Bahn kann bei ortsfesten Anlagen durch Klappen für einen freien Durchgang des Personals unterbrochen werden. Bild 57 zeigt die Möglichkeiten der Richtungsänderung in der Fördergutbewegung durch ein Verschiebeendteil und durch zwei verschiedene Weichen.

Schwere Rollenbahnen werden in Walzwerken benutzt. Die Rollen der in den Gießereien arbeitenden Rollenbahnen sind überdreht, damit der einwandfreie zylindrische Lauf gesichert ist und keine Stöße auf die Formkasten einwirken.

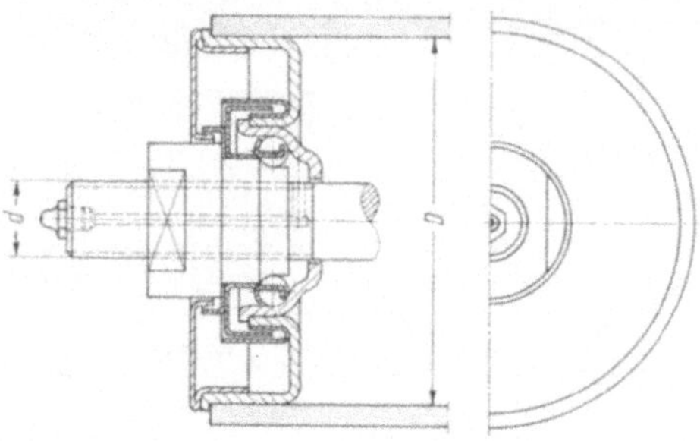

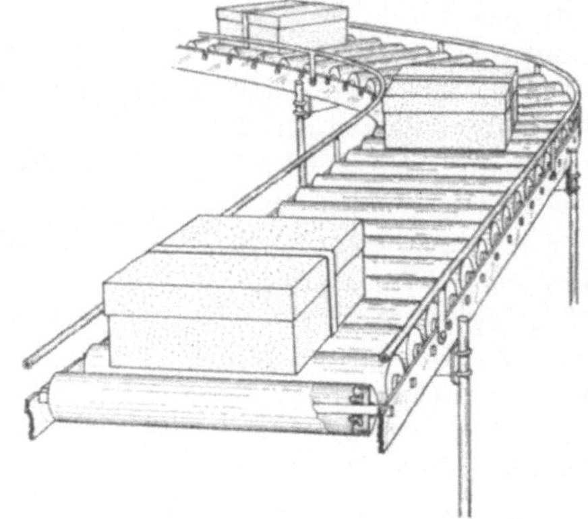

d	D	für Rohrgröße Durchm.·Wandd	Tragzahl C
mm	mm	mm mm	kp
M 12	52	55 × 1,5	240
M 12	56	60 × 2	240
M 12	76	80 × 2	240
M 16	76	80 × 2	260
M 20	94	100× 3	520

Bild 55. Tragrollen-Konuslager mit Labyrinthabdichtung und Abschlußkappe (Star) für leichte Rollenbahn- oder Gurtrolle mit durchgehender Achse und Gewindeenden zur Befestigung in den Wangen des Rollbahngestells.

Bild 56. Rollenbahn (Stotz) für leichtes Stückgut mit Tragrollen, deren Achsen durchgehend und ohne Gewinde sind. Die Achsen sind beidseitig angeflacht zur drehfesten Einlage in den Wangen.

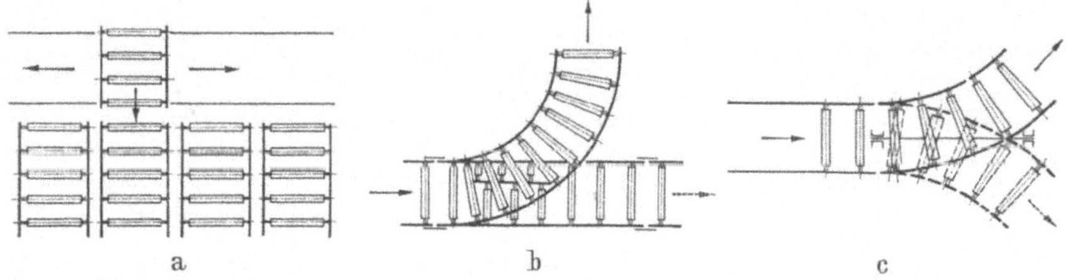

a   b   c

Bild 57. Richtungsänderungen des Stückgutlaufes auf Rollenbahnen.
a) Verschiebeendteil einer vierbahnigen Rollenbahnanlage; b) Weiche in einer gebogenen Rollenbahnführung, hochklappbar, für Geradausfahrt; c) Weiche für Links- und Rechtsfahrt, die durch Drehung um 180° die Richtung bestimmt.

Die in kleinere Abmessungen übertragenen Rollenbahnen, die *Röllchenbahnen*, bestehen aus tragbaren und leicht zu verbindenden Teilstücken gerader und gebogener Form. Beim Teilstück sind zwischen zwei seitlichen Profilrahmen, meist aus Aluminium, Verbindungsstäbe als Achsen für die Röllchen eingebaut. Die Röllchen nach Bild 58 sind in größerer Zahl mit gleichmäßigen Abständen zwischen Abstandsröhrchen eingeklemmt. Sie sind zum Korrosionsschutz verzinkt.

Röllchenbahnen gehören gelegentlich zur festen Ausstattung von Lastkraftwagen, wo sie beim Be- und Entladen gute Dienste leisten.

43. Kugelrollenbahnen. Platten, mit Tragelementen besetzt, die in geordneter flächiger Aufteilung die Bewegung aufgesetzter Stücke in jeder Richtung der Ebene zulassen, sind die Kugelrollenbahnen, bei kleiner Ausdehnung als Kugelrollentisch bezeichnet (Bild 59 b). Das Bauelement, die Kugelrolle (Bild 59 a), besteht aus einer großen Kugel, die auf vielen kleinen Kugeln in einer Schale liegt. Dreht sich die Tragkugel, so drehen sich die kleinen Kugeln in gegenläufigem Sinne und kehren nach dem Durchwälzen ihrer Bahn im druckfreien Raum in ihre Ausgangsstellung

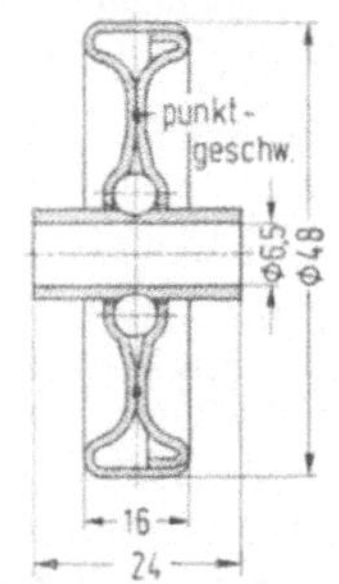

Bild 58. Röllchen, ein einteiliges Bauelement, das durch Aufreihen zwischen Distanzröhrchen für Röllchenbahnen verwendet wird.

zurück. Die Kugelrollen werden nach Belieben in Stahl- oder Holzplatten eingesetzt und eignen sich dann besonders für Kreuzungspunkte von Rollenbahnen oder als Überführungstische für Werkzeuge an schweren Arbeitsmaschinen.

44. Topfrollenbahnen. Die Topfrollenbahnen sind den Kugelrollenbahnen ähnlich, lassen aber nur die Gutbewegung in einer Richtung zu. Das Tragelement (Bild 60a) ist eine kurze zylindrische Rolle aus Stahl oder Polyamid, die in einem Blechtopf gelagert ist und nur zu einem kleinen Teil aus dem Deckel herausragt. Die ganze Topfrolle wird in der gewünschten Richtung in die tragenden Platten eingesetzt. Bild 60b zeigt die Anordnung und gerichtete Einstellung einer geraden und Bogenstrecke.

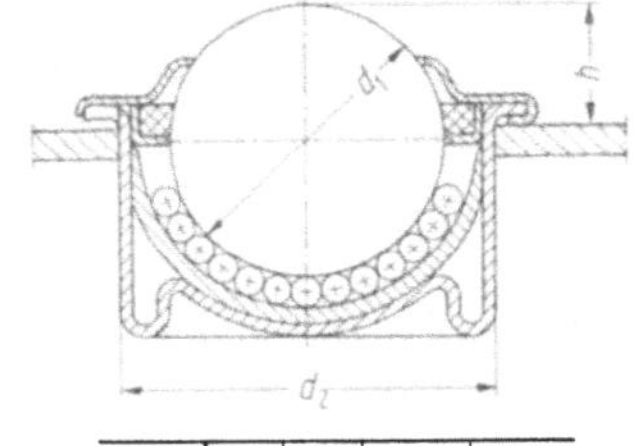

Nenn-größe d_1	d_2	h	Trag-kraft	Ge-wicht
mm	mm	mm	kp	kg
15	24	9,5	20	0,05
22	36	10	75	0,18
30	45	14	150	0,29
45	62	19	250	0,78
60	100	30	500	3,50

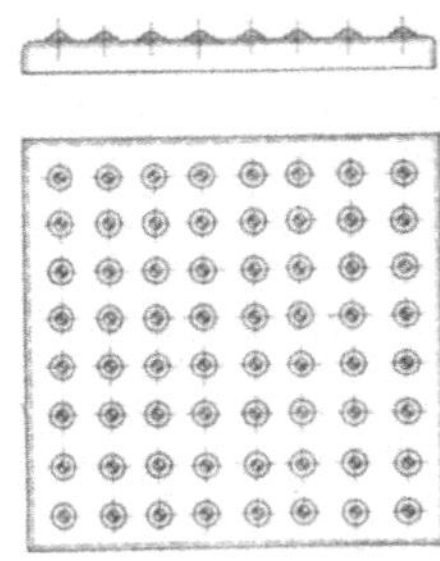

Bild 59b. Kugelrollentisch

Bild 59a. Kugelrolle (Star), Aufbau und übliche Größen.

Bild 60. a) Topfrolle (Rubner) zum Einsetzen in ebene Platten, Tische u. dgl. Die Aufnahme in der Bohrung muß für den Sitz formschlüssig und drehfest sein. b) Bogenstück einer Topfrollenbahn. Die Gutbewegung ist nur in Pfeilrichtung durchführbar. Die Schrägstellung der Topfrollen auf der geraden Strecke (mit einer Neigung von 2° der Außenrollen) soll das Ablaufen des Fördergutes verhindern. Im Bogenstück müssen alle Topfrollen einen Impuls nach innen auslösen.

IV. Hebezeuge

Darunter werden *Serienhebezeuge* und *Krane* aller Art verstanden, wobei die Serienhebezeuge durchaus wiederum feste Bestandteile der Krane sein können.

A. Serienhebezeuge

Für die Serienhebezeuge gilt nach DIN 15100 folgende Einteilung:

1. Elektrozüge:
   Elektrozüge mit Seil
   Elektro-Kettenzüge
   Elektro-Doppelwinden mit Seil
   Elektro-Kettendoppelwinden
2. Pneumatische Hebezeuge:
   Druckluftzüge
   Druckluft-Zylinder-Hebezeuge
3. Flaschenzüge:
   Kettenzüge
   Seilzüge
4. Mehrzweckzüge:
   Mehrzweckzüge mit Kette
   Mehrzweckzüge mit Seil
5. Seilblöcke:
   Drahtseilblöcke
   Hanfseilblöcke
6. Einhängekatzen:
   Einschienen-Einhängekatzen
   Zweischienen-Einhängekatzen

7. Trommelwinden:
   Wandwinden
   Flurwinden
   Fahrzeugwinden
8. Spille
9. Zahnstangenwinden:
   Stahlwinden
   Schaftwinden
   Zug- und Druck-Zahnstangenwinden
10. Schraubenwinden
11. Spindelböcke
12. Hydraulische Hebezeuge
13. Achssenken
14. Fahrzeugkippeinrichtungen
15. Hebebühnen
    der verschiedensten Formen

45. Elektrozüge. Die Elektrozüge sind Seil- oder Kettenzüge, die mit dem Elektromotor zu einer Baueinheit zusammengefaßt sind. Unter Elektrozügen im weitesten Sinne werden die mit Seil oder Kette arbeitenden verstanden; im engeren Sinne sind es allerdings nur diejenigen, die mit Drahtseilen ausgerüstet sind. Die wichtigsten Kenndaten beider Arten sind in Tab. 16 zusammengefaßt.

Tabelle 16. *Gegenüberstellung wichtiger Kenndaten von Elektrozügen mit Seilen gegenüber solchen mit Kettentrieben*

	Tragkraft kp	Hubhöhe m	Hubgeschwindigkeit m/min	Gewichtsverhältnis bei gleicher Tragkraft
Elektro-Kettenzüge	125 bis 1000	im allg. 3	3 bis 20	≈ 1
Elektrozüge	250 bis 10000	> 5 bis 60	5 bis 40	≈ 2

In vielen Anwendungsfällen genügen kleine Hakenwege. Dann sind Elektro-Kettenzüge vorteilhaft, da sie bei gleicher Tragkraft etwa die Hälfte wiegen und wesentlich weniger kosten. Bauform und Größe der Elektrozüge werden von den betrieblichen Erfordernissen bestimmt. Diese sind:

Tragkraft,
Hakenweg bzw. Hubhöhe,
Befestigungsverhältnisse (Aufhängehöhe),
Hubgeschwindigkeit,
Ausrüstung mit Feinhub,
Beweglichkeit, ortsfest oder fahrbar,
Steuerung.

Die Tragkräfte sind nach einer arithmetischen Reihe gestuft:

Bereich   250 bis 1000 kp: Stufung   250 kp,
Bereich 1000 bis 3000 kp: Stufung   500 kp,
Bereich 3000 bis 6000 kp: Stufung 1000 kp.

Der Hakenweg ist abhängig von dem verwendeten Zugmittel. Trommeldurchmesser und -länge bestimmen die Länge des aufwickelbaren Seiles. Unter gleichen Verhältnissen ist der Hakenweg des einsträngigen Elektrozuges der größte. Er verringert sich bei zweisträngiger Anordnung auf die Hälfte. Die Hubhöhe ist daher sehr veränderbar. Im allgemeinen ist sie bei Seilzügen nie kleiner als 5 m, sie kann aber bei großen Trommeln bis 100 m erreichen, Längen, die bei Kettenzügen deshalb nicht möglich sind, weil die eingezogenen Ketten nicht unterzubringen sind.

Große Hubwege machen hohe Hubgeschwindigkeiten bis 40 m/min wünschenswert. Bei den kleinen Typen der Elektrozüge mit Hakenwegen bis 20 m genügt im allgemeinen eine Hubgeschwindigkeit von 10 m/min. Beim Absetzen von schweren oder empfindlichen Teilen insbesondere in Werkzeugmaschinen ist am Ende der Bewegung eine geringe Senkgeschwindigkeit, ein Feinhub, nötig, um Stoßschäden zu verhindern oder den Vorgang gut beobachten zu können. Hierzu besitzen die entsprechenden Elektrozüge ein Zwischengetriebe und sind mit einem zweiten Motor ausgerüstet. Nur bei den kleinen Baugrößen wird vielfach der Feinhub mit einem polumschaltbaren Motor, also lediglich durch Änderung der Drehzahl erreicht.

46. Bauarten. Die Bauarten werden unterschieden nach (Tab. 17):

Art der Verbindung mit dem tragenden Gerüst

ortsfest, beweglich in *einer* Schiene, mit Fahrwerk, beweglich zwischen oder unter *zwei* Schienen;

Tabelle 17. *Bauarten der Elektrozüge*

Bauart	Elektrozüge						als Zweischienen-katze
	als Einschienenkatze			als Drehschienenkatze			
	normal	kurz	lang	normal	kurz	lang	
	1.121	1.122	1.123	1.131	1.132	1.133	1.14
Rollbahnkatze	1.121.1	1.122.1	1.123.1	1.131.1	1.132.1	1.133.1	1.141
Haspelkatze	1.121.2	1.122.2	1.123.2	1.131.2	1.132.2	1.133.2	1.142
Elektrokatze	1.121.3	1.122.3	1.123.3	1.131.3	1.132.3	1.133.3	1.143

Bauhöhe

normal (übliche Bauart),
kurz (angehoben im Verhältnis zur Laufschiene),
lang (mit zusätzlicher Anordnung einer abgesetzten Seilumlenkung, die die Möglichkeit gibt, insbesondere aus Gebäudeluken heraus Lasten zu heben);

Horizontalbewegung der fahrbaren Elektrozüge, bewirkt durch

Körperkraft (Schieben oder Ziehen), Rollbahnkatze,
Haspelkette, Haspelkatze,
elektromotorischen Fahrantrieb, Elektrokatze.

Tab. 18 gibt einen Überblick über die Abwandlungsmöglichkeiten bei Elektro-Kettenzügen, wobei die eingetragenen Nummern denen entsprechen, die in DIN 15100 der Gliederung zugrunde gelegt sind.

Tabelle 18. *Elektro-Kettenzüge mit Rundstahlketten als Tragmittel (Stahl)*

| Bild 63 | Nr. nach DIN 15100 | Be-weglich-keit | Fahrwerk | | | Zahl tragender Ketten-stränge | Allgemeine Benennung nach DIN 15100 |
			Bezeichnung	Antrieb	Rollen-zahl		
a	1.21	ortsfest	ohne	—	—	1	Elektro-Kettenzug mit Aufhängehaken
b	1.221	fahrbar (Ein-schie-nen-katzen)	Roll-fahrwerk	Schieben oder Drücken	2	1	Elektro-Kettenzug als Rollkatze
c	1.222		Haspel-fahrwerk	Haspel-kette	4	2	Elektro-Kettenzug als Haspelkatze
d	1.223		Motor-fahrwerk	Elektro-motor	4	2	Elektro-Kettenzug als Motorkatze

Bei den Bauformen wird im Hinblick auf die Beweglichkeit zunächst zwischen ortsfesten und fahrbaren Elektrozügen unterschieden. Soll die Last nur senkrecht bewegt werden, so genügt der ortsfeste Fußzug. Durch Drehen des Gehäuses kann der Seilzug überall befestigt und dem Seil über Ablenkrollen jede gewünschte Richtung gegeben werden. Bei der fahrbaren Ausführung wird der Elektrozug zusammen mit dem Fahrwerk zum „Elektrozug als Einschienenkatze". Dieser stellt in Verbindung mit der Laufschiene eines Gerüstes bereits einen einfachen Kran dar.

Die vielgestaltige Bauweise der Elektrozüge zeigen die Bilder 61 und 62. Die üblichen Elektro-Kettenzüge normaler Bauart, ortsfest, mit Körperkraft oder mit motorisch angetriebenem Fahrwerk sind im Bild 63 zu sehen. Als Tragmittel kann neben der Rundstahlkette auch die Rollenkette dienen. Bei geringen Raumhöhen läßt sich mit der kurzen Bauart (Bild 61) etwas an Arbeitshöhe gewinnen. Die Motorachse ist hier nahe an den Unterflansch des als Laufbahn dienenden Trägers angehoben. Zum mittigen Kraftausgleich ist dann zweisträngige Anordnung nötig. Die gewonnenen Höhen liegen je nach Tragkraft zwischen

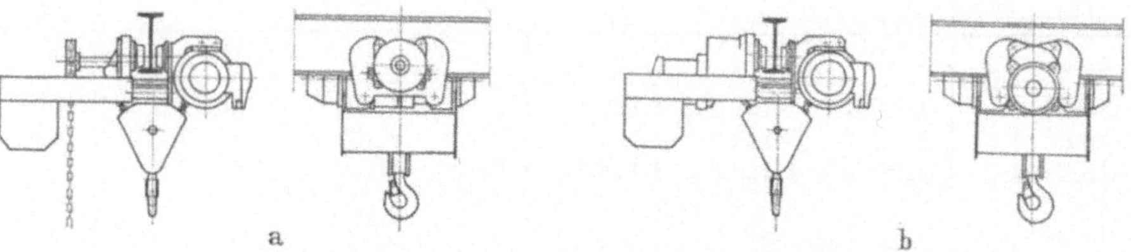

Bild 61. Elektro-Kettenzüge in kurzer Bauart (in DIN 15100 nicht aufgeführt).
a) Ausführung als Haspelkatze; b) Ausführung als Elektrokatze.

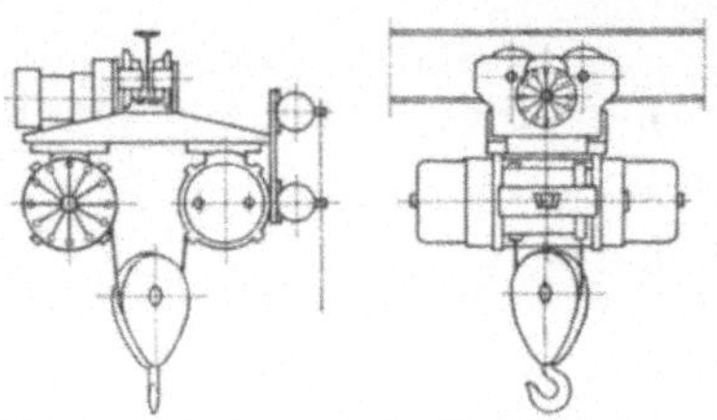

Bild 62a. Elektrozug als Einschienenkatze kurzer Bauart (ähnlich Nr. 1.122.3, jedoch mit Zwillingstrommelmotor).

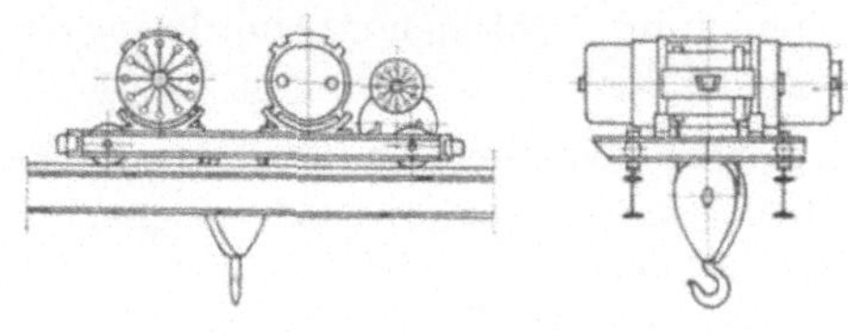

Bild 62b. Elektrozug als Zweischienenkatze (ähnlich Nr. 1.143, jedoch mit Zwillingstrommelmotor).

500 und 1000 mm. Einen Elektrozug als Zweischienenkatze zeigt Bild 62b. Bei Seilzügen werden die Katzen zuweilen mit *zwei* Trommelmotoren (Zwillingsantrieb) (Bild 62a) ausgerüstet. Dies ist eine ausgewogene Konstruktion mit günstiger Seilbeanspruchung.

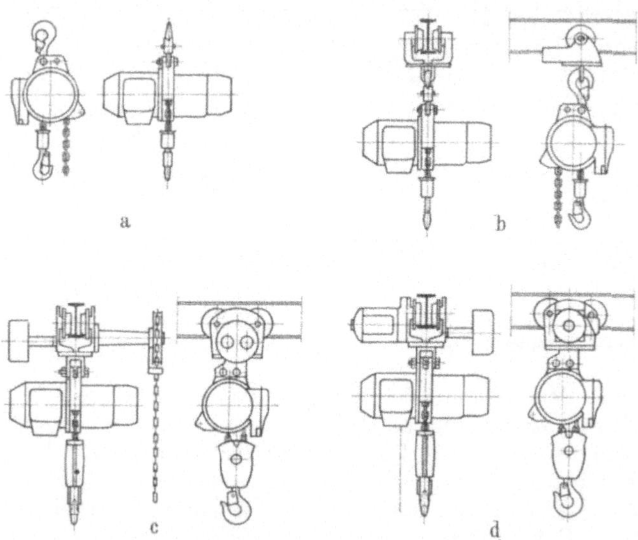

Bild 63. Bauarten der Elektro-Kettenzüge. Beschreibung nach Tab. 18.

47. Trommelmotor. Das Kernstück der Elektrozüge ist der Trommelmotor. Bild 64 zeigt einen solchen als Verschiebeläufermotor in explosionsgeschützter Ausführung. Der konische Läufer wird unter der Kraftwirkung des elektromagnetischen Feldes gegen den Widerstand einer auf der Achse sitzenden Druckfeder in das Gehäuse hineingezogen und löst sich damit aus der kraftschlüssigen Ruheverbindung einer kegeligen Bremstrommel. Die längsbewegliche Achse ist auf Rollenlagern gelagert, die das Verschieben erlauben. Das dreistufige Getriebe setzt die Drehzahl des Läufers auf die kleine Drehzahl der Seiltrommel herab. Diese, ein zylindrisches Rohr, besitzt auf der einen Seite den Innenzahnkranz für den Eingriff des letzten Zahnrades und ist außen mit der gewindeartig durchlaufenden Rille für die Aufnahme des Drahtseiles versehen. Bei einer neueren Ausführung wird die Untersetzung mit einer Taumelhülse erreicht, die mit beidseitiger Bogenverzahnung über einen außen- und innenverzahnten, exzentrischen Zwischenring, die Drehbewegung unmittelbar auf die Trommel überträgt.

Die Seiltrommel kann ein- oder zweirillig ausgebildet sein. Bei zweirillig gegenläufiger Ausführung ist das Seil an beiden Enden befestigt, umschlingt die Trommel und läuft mit der Lastaufhängungsart 4/2 (4 tragende, davon 2 angezogene Seilstränge) über die Unterflasche mit dem Lasthaken

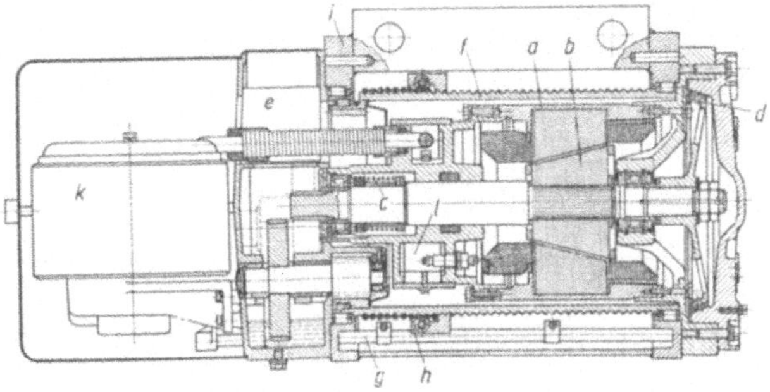

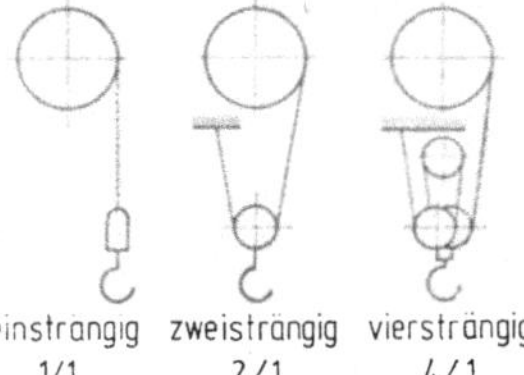

Bild 64. Elektrozug (geschnitten) in explosionsgeschützter Ausführung (Stahl).
a Verschiebeläufermotor; *b* konischer Verschiebeläufer; *c* Druckfeder; *d* kegelige Bremstrommel; *e* Stirnradgetriebe im Ölbad laufend; *f* Seiltrommel; *g* Endschalterstange mit verstellbaren Anschlägen für Hubbegrenzung; *h* Seilführungsring mit Seilspanner; *i* Traggestell; *k* Endschalter; *l* Anschlußraum des Motors.

Bild 65. Einschermöglichkeiten bei einrilliger Seiltrommel, schematisch.

zur Ausgleichsrolle am Elektrozug zurück, wo eine gewisse Ruhelage gegeben ist. Bild 65 zeigt die Einschermöglichkeiten eines Seiles bei einrilliger Trommel. Die Befestigung des Lasthakens ist von der Seilanordnung abhängig. Bei einsträngigem Betrieb hängt der Lasthaken unmittelbar am beschwerten Seilende, bei eingeschertem Seil müssen Unterflaschen benützt werden (Bild 66).

48. Drahtseile. Die Drahtseile sind die empfindlichsten und gefährdetsten Teile der Elektrozüge, weil sie durch keine Maßnahmen vor einem unsachgemäßen Behandeln genügend geschützt werden können. DIN 15010, Baugrößen und Ausführungen der Seiltriebe für Elektrozüge, gibt für die Anwendung der Seile die zulässige Belastung und die Mindestdurchmesser für Seil, Trommel, Seilrolle und Ausgleichsrolle an (Tab. 19 u. 20). Dabei ist das Verhältnis von $D_a/d \geqq 14$, $D_t/d \geqq 19$ und $D_r/d \geqq 21$. Die Sicherheit liegt bei den Drahtseilen je nach Betriebsfall zwischen 5 und 10.

Die Seile nach DIN 655, 656 und 6895 (Bild 67) werden vorzugsweise in Kreuzschlagausführung verwendet. Der Draht hat eine Zugfestigkeit von mindestens 160 kp/mm². Für einsträngige Lastaufhängung sind nur drehungsfreie Seile geeignet, damit sich Last und Seil im Betrieb nicht drehen.

Die Ablegereife der Seile, d. h. der Gebrauchszustand, der keine sichere Arbeit mehr gewährleistet, ist nach DIN 15020 nach der Zahl der gebrochenen Drähte in den Außenlitzen zu beurteilen (Tab. 21).

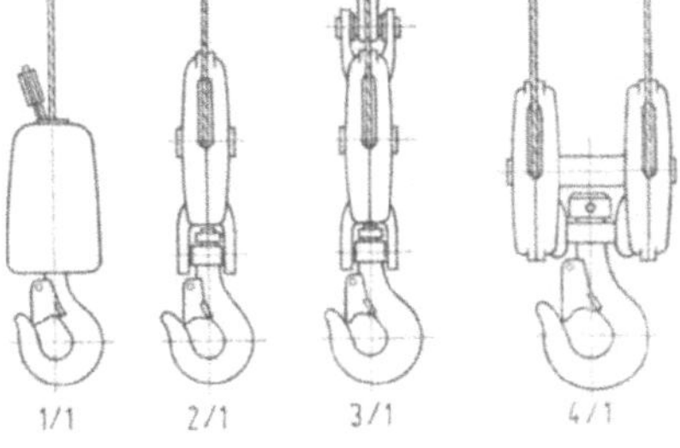

Bild 66. Hakenbefestigung am Seil und an Unterflaschen für verschiedene Strangzahlen bei Elektrozügen.

Bezeichnung	1/1	2/1	3/1	4/1
Strangzahl insges.	1	2	3	4
davon gezogen	1	1	1	1

Tabelle 19. *Betriebsfälle für Seilbeanspruchung nach DIN 15010*

Betriebsfall	Arbeitsspiele je Stunde	Betriebslasten
I (Regelfall)	bis 30	vorwiegend nicht gleich der Hublast (zul. Belastung)
II	bis 30	vorwiegend gleich der Hublast
	über 30	vorwiegend nicht gleich der Hublast
III	über 30	vorwiegend gleich der Hublast

49. Stromzuführung. Der Strom wird bei Elektrozügen durch Kabel zugeführt. Damit entfallen alle beweglichen Kontakte, die mit Unsicherheiten behaftet sind. Das Kabel wird

Tabelle 20. *Den betrieblichen Seilbeanspruchungen und Hublasten zugeordnete Durchmesser für Seil, Trommel, Seilrolle und Ausgleichsrolle*

Hublasten (zulässige Belastungen) in kp									Seiltriebgrößen			
bei Betriebsfall									Mindestdurchmesser von			
I (Regelfall)			II			III			Draht-seil	Trom-mel	Seil-rolle	Aus-gleich rolle
									d	D_t	D_r	D_a
Stranganzahl			Stranganzahl			Stranganzahl						
1	2	4	1	2	4	1	2	4	mm	mm	mm	mm
250	500	1000	200	400	800	160	320	630	5	100	112	80
500	1000	2000	400	800	1600	320	630	1250	7	140	160	112
1000	2000	4000	800	1600	3200	630	1250	2500	10	200	225	160
1600	3200	6300	1250	2500	5000	1000	2000	4000	13	250	280	200
2500	5000	10000	2000	4000	8000	1600	3200	6300	16	315	355	225

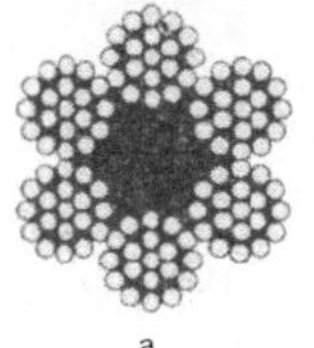

a

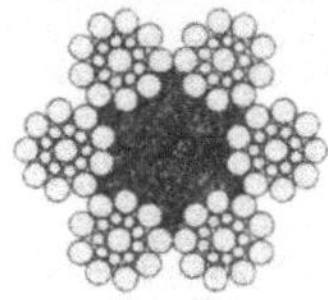

b

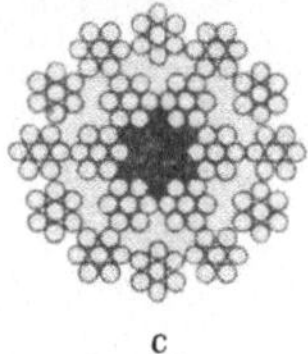

c

von Tragrollen getragen, die sich auf der Führungsbahn des Elektrozuges bewegen oder auch durch Ringösen, die an einem Spanndraht neben der Fahrbahn aufgehängt sind und dabei durch Nachfolgen den Durchhang des Kabels ändern (Bild 68).

Bild	Benennung	DIN		Litzen	Anzahl Drahte je Litze	aller Drahte	Seildurch-messer ab mm	Machart	
a	Drahtseil aus gleichdicken Drahten mit Fasereinlage	655	A	6	19	114	6,5	Seale	Kreuzschlag (*K*)
			B	6	37	222	9		
b	Drahtseil aus ungleichdicken Drahten mit Fasereinlage	656	A	6	19	114	8	Seale u Warrington	Kreuzschlag (*K*)
			B	8	19	152	14		
c	2 lagiges Rund-litzenseil mit Fasereinlage	6895	A	18	7	126	4	drehungsfrei	Gleichschlag z/Z oder s/S

Bild 67. Drahtseile für Hebezeuge (auszugsweise). Das schwarze Feld im Kern des Querschnitts gibt den Bereich der Fasereinlage an.

Tabelle 21. *Ablegereife von Seilen* (nach DIN 15020)

Prüflänge an schlechtester Seilstelle [mm]	Anteil gebrochener Drähte in den Außenlitzen [%]	
	Kreuzschlag	Gleichschlag
6 d	12	4
30 d	25	8

Das Seil ist sofort anzulegen beim Bruch einer Litze, beim Auftreten von Aufdoldungen, Quetschungen und Knicken.

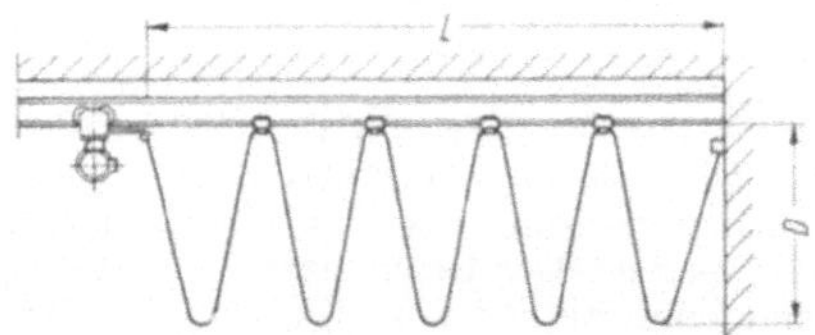

Bild 68. Hängekabel für die Stromversorgung eines Elektrozuges. Die Tragrollen für das Kabel bewegen sich hier wie der Elektrozug selbst auf dem Unterflansch des I-Trägers. Der Durchhang D des Kabels bei gestreckter Länge L und n Tragrollen beträgt $D = L /[2 (n + 1)]$.

B. Krane

Nach DIN 15001 ist der Kran ein Hebe- und Transportgerät, bei dem die Last an einem Tragmittel, meist einem Seil, gehoben und in einer — gegebenenfalls auch mehreren — Richtungen fortbewegt wird. Auf einer Schienenlaufbahn arbeitende Elektrozüge, nun als Katzen bezeichnet, sind daher bereits Krane. Bild 69 zeigt die Brücken- und Portalkrane, Bild 70 die Ausleger- und Drehkrane jeweils in übersichtlicher Gliederung nach DIN 15001 Entw. Dez. 1958, formal zurückgezogen.

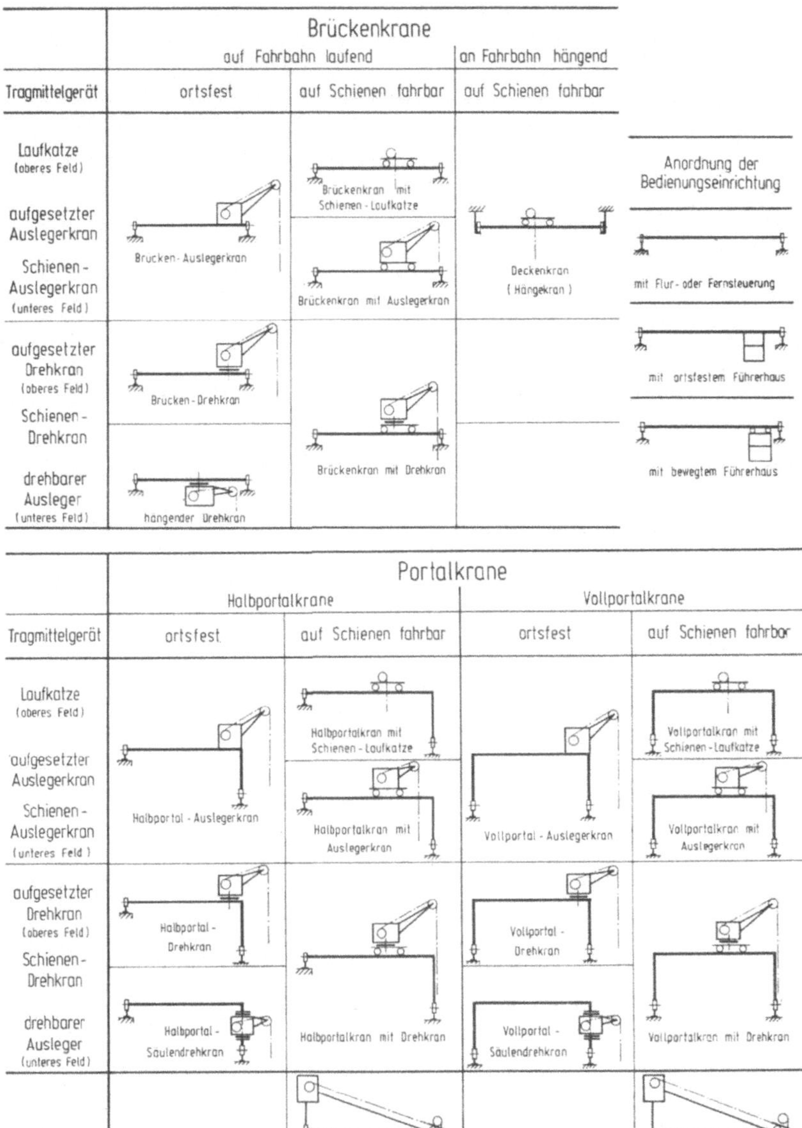

Bild 69. Brücken- und Portalkrane, Einteilung, Benennungen, Sinnbilder nach DIN 15 001 Entw. 1958, formal zurückgezogen.

Werden die Krane als Fördermittel in der Fertigung betrachtet, so treten aus dem großen Umfang der Bauformen doch nur einige wenige als sehr bedeutsam in Erscheinung. Es sind dies der Brückenkran mit Schienenlaufkatze, der Deckenkran (Hängekran), ferner der Säulenschwenkkran und andere kleinere Bauformen.

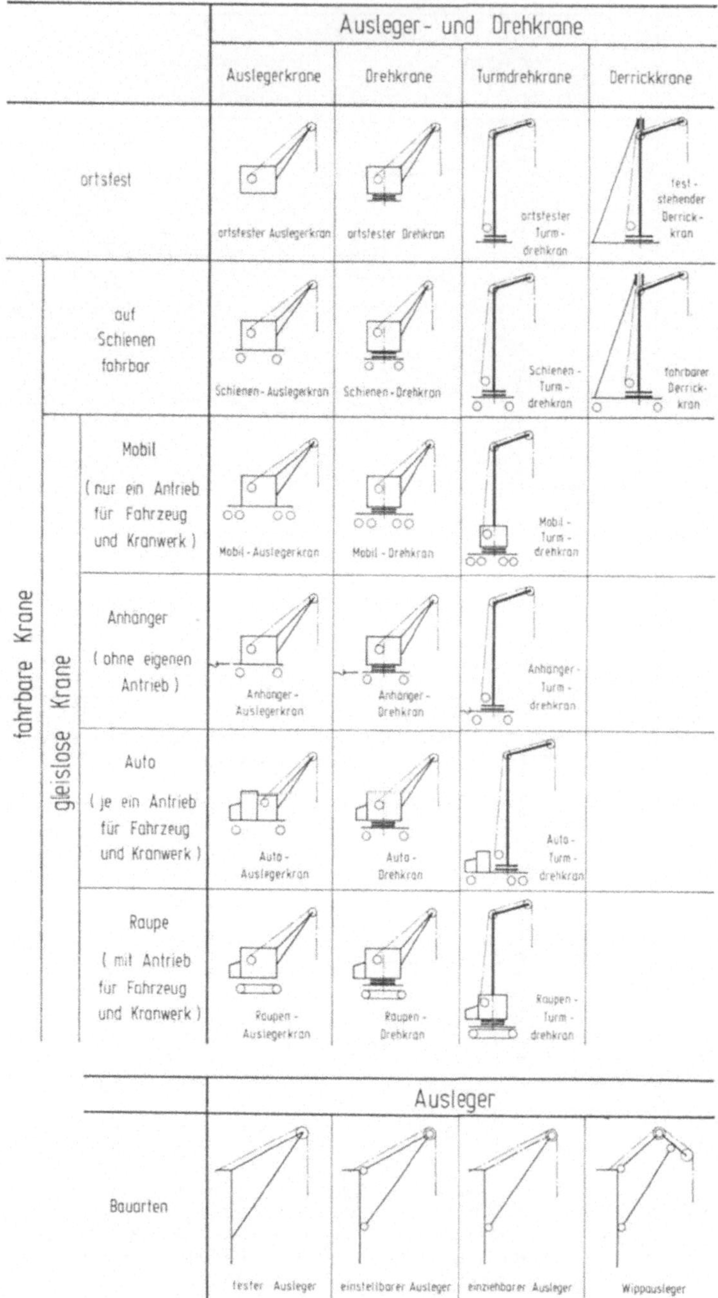

Bild 70. Ausleger- und Drehkrane, Einteilung, Benennungen, Sinnbilder nach DIN 15 001 Entw. 1958, formal zurückgezogen.

50. Gruppeneinteilung. Mit Rücksicht auf die sehr unterschiedliche Beanspruchung, unter der die Krane im Betrieb arbeiten, sind in DIN 120 Gruppen festgelegt, die für die zulässige Belastbarkeit bzw. für die bauliche Bemaßung

Bedeutung haben. Die Merkmale, die die Gruppenzugehörigkeit bestimmen, sind in der Tab. 22 wiedergegeben, wobei einige Krane auf Grund ihrer Verwendung den verschiedenen Gruppen zugeordnet sind.

51. Standsicherheit. Sie ist nach DIN 15019 durch Rechnung und praktisch mit einer Prüfbelastung nachzuweisen. Ein Kran gilt als standsicher, wenn er um die jeweils ungünstige Kante erst bei Überschreiten folgender Kräfte kippt, wobei F die Nenntragkraft bedeutet:

große Prüflast: 1,40 F für den Zustand der Ruhe,
kleine Prüflast: 1,25 F für den Zustand in der Bewegung, wobei alle Arbeitsgänge ausführbar sein müssen.

Tabelle 22. *Gruppeneinteilung der Krane*

<table>
<tr><td colspan="2">Gruppe nach DIN 120</td><td>I</td><td colspan="3">II</td><td colspan="3">III</td><td>IV</td></tr>
<tr><td colspan="2">Betriebszeit ohne Pausen
Betriebszeit einschl. Pausen</td><td><1/2</td><td>≈1</td><td><1/2</td><td><1/2</td><td>≈1</td><td>≈1</td><td><1/2</td><td>≈1</td></tr>
<tr><td colspan="2">Last des Arbeitsspieles
Höchstlast</td><td><2/3</td><td><2/3</td><td>≈1</td><td><2/3</td><td>≈1</td><td><2/3</td><td>≈1</td><td>≈1</td></tr>
<tr><td rowspan="2">Fahrgeschw.
(m/s) bei
Kranbahnen</td><td>mit Schienen-</td><td><1,5</td><td colspan="2"><1,5</td><td>>1,5</td><td><1,5</td><td colspan="2">>1,5</td><td>>1,5</td></tr>
<tr><td>ohne stöße</td><td><2,0</td><td colspan="2"><2,0</td><td>>2,0</td><td><2,0</td><td colspan="2">>2,0</td><td>>2,0</td></tr>
<tr><td colspan="2">Ausgleichszahl ψ*</td><td>1,2</td><td colspan="3">1,4</td><td colspan="3">1,6</td><td>1,9</td></tr>
<tr><td colspan="2">kleine Serienhebezeuge</td><td>▬</td><td colspan="3"></td><td colspan="3"></td><td></td></tr>
<tr><td rowspan="2">Werkstatt- und
Lagerplatzkrane</td><td>Tragkr.<3Mp</td><td></td><td colspan="3">▬▬▬</td><td colspan="3">▬▬▬</td><td></td></tr>
<tr><td>Tragkr.≥3Mp</td><td></td><td colspan="3">▬▬▬</td><td colspan="3"></td><td></td></tr>
<tr><td colspan="2">Krane für Massengutumschlag</td><td></td><td colspan="3"></td><td colspan="3">▬▬▬</td><td>▬</td></tr>
</table>

* Mit diesem Faktor sind sämtliche Festigkeitswerte der Bauteile vervielfacht.
▬▬ zugeordneter Gültigkeitsbereich.

Für die entsprechend rechnerisch zugeordnete Vorprüfung gilt hierbei als große Überlast 1,7 F, als kleine Überlast 1,5 F. Die Rechenwerte liegen um mehr als 25 % über den Prüflasten, womit eine gewisse zusätzliche Sicherheit gegen ein Versagen bei der praktischen Prüfung gegeben ist.

52. Kranaufbau. Der allgemeine Aufbau eines Brückenkranes ist aus Bild 71 zu ersehen. Man unterscheidet dabei Krangerüst, maschinelle Anlagen und elektrische Einrichtung. Das Krangerüst besteht im wesentlichen aus ein oder zwei Brückenträgern und den Kopfträgern. Die Brückenträger werden angefertigt als

Fachwerk,
geschlossener Kasten (vollwandige Blechkonstruktion),
Torsionetten (verwindungssteife Träger in unter- oder überspannter Bauweise),
Winkelträger.

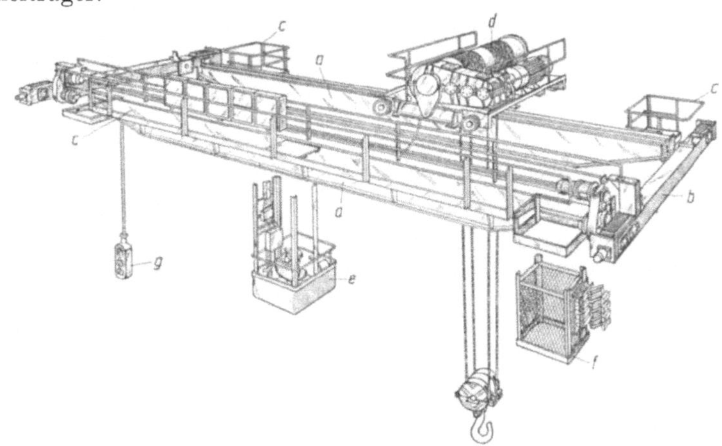

Bild 71. Allgemeiner Aufbau eines Brückenkranes, mit wahlweiser Steuerung vom Führerkorb aus oder vom Flur.
a Brückenträger; *b* Kopfträger mit Fahrantrieb; *c* Wartungsbühne; *d* Laufkatze; *e* Führerkorb;
f Stromabnehmereinrichtung; *g* Flursteuerung.

Bild 71 zeigt den Brückenträger als vollwandigen Winkelträger mit angebautem seitlichen Laufsteg. Die Kopfträger werden im allgemeinen angeschraubt und nehmen die Kranfahrwerke auf. Der Einzelradantrieb setzt sich hierbei immer mehr durch. Zur Bedienung der maschinellen und elektrischen Einrichtungen müssen entsprechende Arbeitsbühnen angeordnet sein. Zum Krangerüst gehört ferner das Führerhaus, sofern es nicht ein Teil der Laufkatze ist.

Die maschinelle Einrichtung besteht aus dem Fahrantrieb für den Kran und die Laufkatze; letztere entspricht dem Elektrozug als Zweischienen-Elektrokatze, wie sie unter den Serienhebezeugen aufgeführt ist. Das in Bild 71 dargestellte Hubwerk der Laufkatze besteht aus Antriebsmotor, Doppelbackenbremse, Getriebe, zweirilliger Seiltrommel und Unterflasche mit zwei Seilrollen und Lasthaken. Als Hubmotor dient im allgemeinen ein Drehstrom-Käfigläufermotor, oder, sofern ein Feinhub vorgesehen ist, ein Drehstrom-Schleifringläufermotor.

Die elektrische Ausrüstung besteht aus den Schleifleitungen entlang der Kranbahn, der Stromabnehmereinrichtung, der Verbindung mit der Schleifleitung entlang dem Brückenträger und der Stromabnahmeeinrichtung für die Laufkatze, mit den zugehörigen Verbindungs- und Steuerleitungen, die zum Führerkorb geleitet sind, sowie den dortigen Schützen und Schaltern.

53. Krantypen. a) Einträger-Deckenkrane. Bild 72 zeigt die serienmäßige Ausführung eines Einträger-Deckenkranes, der als Kranbahn den Unterflansch eines T-Trägers benutzt. Die Tragkraft der Typenreihe ist mit 5 Mp begrenzt. Als Laufkatze dient ein Elektrozug mit normaler, meist aber kurzer Bauhöhe. Der Kran besitzt Flursteuerung, d. h. zum Betätigen der elektrischen Einrichtung wird ein vom Krangerüst herabhängender Schaltkasten benutzt. Die Flursteuerung ist für Krane mit Geschwindigkeiten bis 40 m/min zulässig.

b) Zweiträger-Brückenkrane. Für schwere Lasten werden meist Zweiträger-Brückenkrane eingesetzt. Einen solchen in serienmäßiger Ausführung für Tragkräfte von 5 bis 32 Mp zeigt Bild 73 (S. 56). Der Führerkorb kann beliebig auf einer der beiden Seiten oder in der Trägermitte fest angebracht werden, ebenso ist der Laufsteg und sein Zugang beliebig anzubringen. Die genannten Werte des maximalen Raddruckes gelten für die seitliche Grenzstellung der bewegbaren Teile und Kranbelastung mit Nennlast.

c) Portalkrane. Für Lagerplätze werden vielfach Portalkrane verwendet. Sie laufen auf ebenerdig verlegten Schienen und stellen daher kaum ein Hindernis für quer zur Kranbahn fahrende Kraftfahrzeuge dar. Leichte Ausführungen sind immer mehr anzutreffen. Bild 74 (S. 57) zeigt einen Portalkran in Stahlrohrbauweise mit seitlich ausladendem Kragarm und fest mit der Stütze verbundenem, voll verglastem Führerhaus. Die Laufkatze ist ein Elektrozug in normaler Bauart. Die Tragkraft kann durch Verbundarbeit zweier Elektrozüge erhöht werden.

d) Handbewegte Krane. Zu den Kleinkrananlagen gehören der Säulenschwenkkran, der Wandschwenkkran und der Hängekran. Sie dienen dem Bewegen von Arbeitsstücken, Vorrichtungen und Werkzeugen an Maschinen und für den Transport von gefüllten Behältern über Arbeitsplätze hinweg. Der Kranarm wird durch Ziehen oder Drücken in die erwünschte Richtung eingeschwenkt und der Kettenzug in die geeignete Entfernung gebracht. Das Beispiel eines solchen Fördermittels stellt der serienmäßig gebaute *Säulenschwenkkran* nach Bild 75 dar. Der Kran kann überall aufgestellt werden und hat einen Schwenkbereich von 300°.

Der *Kleinportalkran* nach Bild 76 ist nicht an Laufschienen gebunden; er läßt sich von einem Mann auf dem Boden frei bewegen und dorthin schieben, wo er gerade gebraucht wird, etwa an den Ladeplatz eines Fahrzeuges, den Ort des Aufbaues einer Maschine usw. Zum Heben des Fördergutes wird ein Flaschenzug oder ein Elektrokettenzug mit Netzanschluß benutzt.

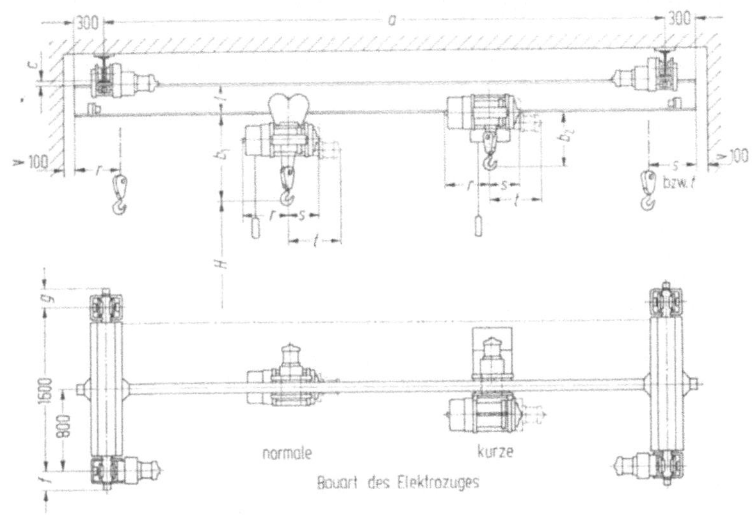

Krangerüst

Tragkraft a Mp	Spannweite a m	Raddruck kp	Laufraddurch. mm	Kranträger l mm	f mm	g mm	c mm
1,5	5	1110	150	260	183	183	46
	8	1200		300			
	10	1270		340			
	12	1300		380			
2	5	1370	150	280	183	183	46
	8	1460		320			
	10	1540		360			
	12	1640		400			
3	5	2050	200	320	230	200	50
	8	2175		360			
	10	2225		320*			
	12	2325		360*			
5	5	3275	200	360	230	200	50
	8	3375		340*			
	10	3475		360*			
	12	3575		380*			

Elektrozug als Elektro-Einschienenkatze

Tragkraft Mp	Bauart normal (1.121.3) Trommel	Seilzahl	Hub H m	b_1 mm	Bauart kurz (1.122.3) Trommel	Seilzahl	Hub H m	b_2 mm	gemeinsame Maße r mm	s mm	t mm
1,5	kurz	2	10	1005	kurz	2	10	580	485	315	690
	lang		18	1080	lang		18		590	410	790
2	kurz	4	5	870	kurz	4	5	550	440	280	485
	lang		8		lang		8		500	340	545
	kurz	2	9	1005	kurz	2	9	580	485	315	690
	lang		16	1080	lang		16		590	410	790
3	kurz	4	5	1065	kurz	4	5	720	485	315	690
	lang		9		lang		9		590	410	790
	kurz	2	11	1185	kurz	2	11	710	540	400	750
	lang		15,5		lang		15,5		610	470	820
5	kurz	2	12	1430	kurz	2	12	860	620	440	795
	lang		17		lang		17		705	525	880

Bild 72. Einträger-Deckenkran mit Elektrozug als Einschienenkatze (Stahl) für geringsten Raumbedarf unter der Werkstattdecke.
* Die Brückenträger für diese Spannweite sind wesentlich höher als aus der Zeichnung ersichtlich und nur im Bereich des Kopfträgers auf die in der Tabelle angegebenen Maße heruntergezogen.

e) Straßenfahrbare Krane. Das wesentliche Merkmal dieser Krane ist die fast unbegrenzte Einsatzmöglichkeit, da sie weder an Gleisanlagen noch an Fundamente gebunden sind. Sie ersetzen oft die üblichen Brückenkrane, besonders dann, wenn die Arbeitsbereiche Lagerplätze und Montagestellen im Freien sind.

Bei den straßenfahrbaren Kranen wird unterschieden zwischen Mobil- und Autokranen. Der *Mobilkran* ist gekennzeichnet durch seinen drehbaren Kranoberwagen mit dem Hebe-, Dreh- und Einziehwerk und dem Fahrgestell. Im Ver-

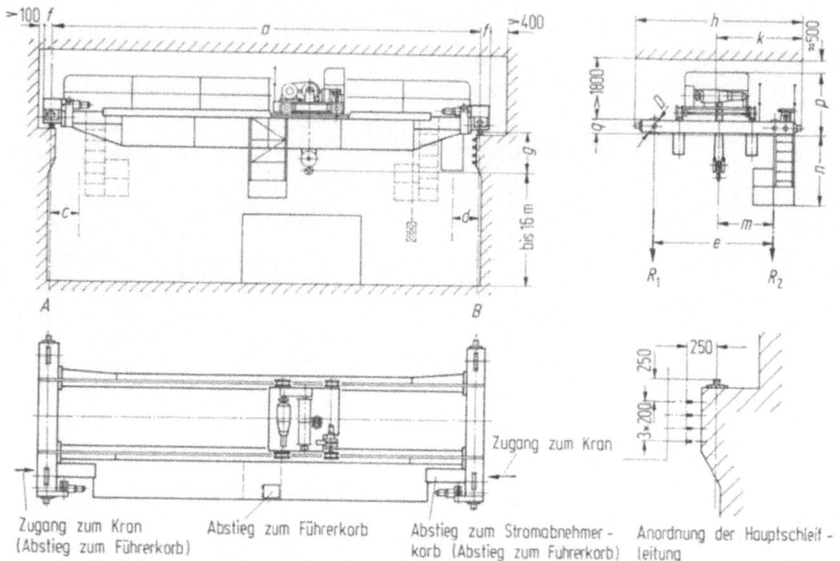

Tragkraft Mp	Spannweite a m	Katzanfahrmaß c mm	Katzanfahrmaß d mm	Kranradabstand e mm	Max. Raddruck R_1 Mp	Max. Raddruck R_2 Mp	Laufraddurchm. D mm	Erforderliche Kranschiene A	f	g	h	k	m	n	p	q
5	12,5	950	1200	3600	5,0	6,8	400	45	230	200	4970	2570	1700	2125	1715	
	15				5,2	7,2										
8	12,5				6,5	8,3		55		320						
	15				6,7	8,7										
10	10	1000	1200	3900	7,5	9,2		55		450	5270	2720	1850	2125	1740	375
	15				8,1	10,0										
12,5	10				8,7	10,5		65		520						
	15				9,4	11,4										
16	10	1100			10,7	12,4		75		600			1890		1765	
	15				11,5	13,5										
20	10				13,0	14,7	500	65		650	5370	2765		2075	1815	425
	15				14,1	16,0										
25	10	1400	1100	4300	16,6	18,3	630	65	250	600	6080	3115	2090	1935	2020	565
	15				17,8	19,8										
32	10				19,8	21,6		75		730						
	15				21,5	23,6										

Bild 73. Brückenkran in Winkelträgerausführung (Krupp), eine serienmäßig hergestellte Krantype.

gleich zum Autokran ist seine Geländegängigkeit mäßig, die Fahrgeschwindigkeit liegt unter 15 km/h. Der *Autokran* besitzt in der Regel zwei getrennte Motoren, einen als Antrieb für das Fahrgestell und einen für das Windwerk. Als Fahrgestell besitzt er das eines Lastkraftwagens, gelegentlich in Sonderausführung. Sein bestimmendes Unterscheidungsmerkmal ist die Fahrgeschwindigkeit, die bis 60 km/h betragen darf. Es hat sich eine Unterteilung nach der Tragkraft in

Gruppen eingeführt, die aus Bild 77 zu ersehen ist und die gleichzeitig auf die kennzeichnenden Verwendungsgebiete Einfluß hat.

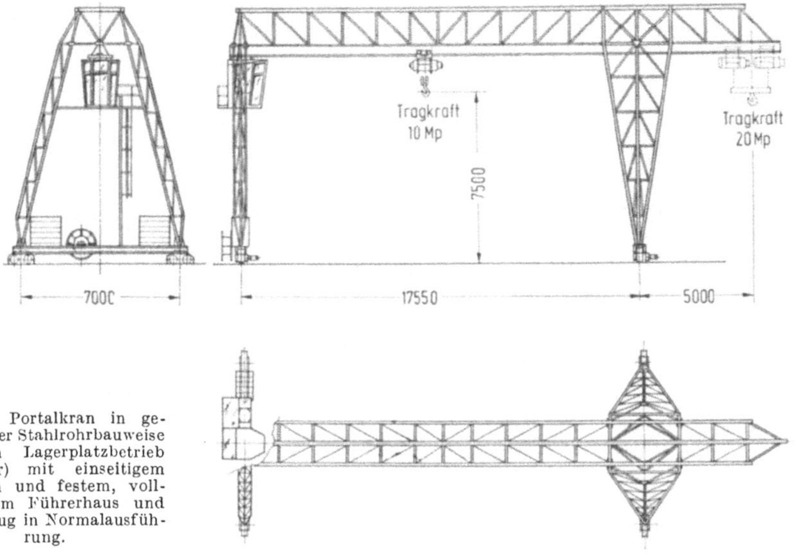

Bild 74. Portalkran in geschweißter Stahlrohrbauweise für den Lagerplatzbetrieb (Liebherr) mit einseitigem Kragarm und festem, vollverglastem Führerhaus und Elektrozug in Normalausführung.

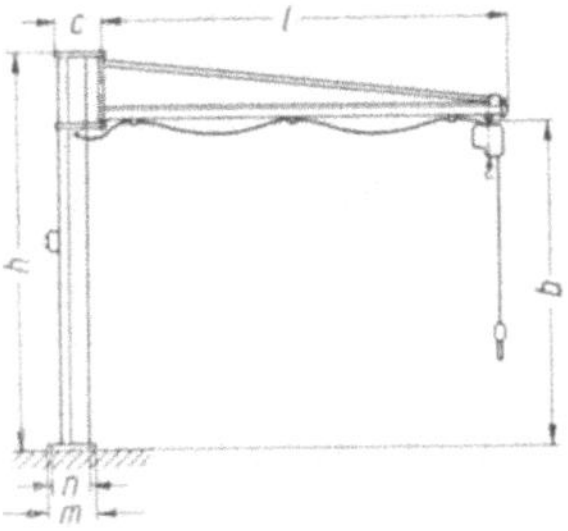

Ausladung l m	2	3		4			5		6	
Tragkraft 125 kp	●	●		●	●		●		●	
Tragkraft 250 kp	●	●	●		●		●		●	
Tragkraft 500 kp	●		●		●	●	●	●	●	●
Gewicht kg	≈160	≈170	≈395	≈175	≈415	≈635	≈440	≈660	≈455	≈675
Baumaße h mm	3015	3015	4060	3015	4060	4060	4060	4060	4060	4060
Baumaße b mm	2465	2465	3200	2465	3200	3200	3200	3200	3200	3200
Baumaße c mm	340	340	520	340	520	520	520	520	520	520
Grundplatte m mm	375	375	550	375	550	700	550	700	550	700
Grundplatte n mm	300	300	450	300	450	580	450	580	450	580
Ankerschrauben	M16	M16	M24	M16	M24	M27	M24	M27	M24	M27

Bild 75. Säulenschwenkkran mit leichtem Elektrokettenzug (DEMAG), in der Ausladung und Tragkraft arithmetisch gestuft. Die Stromzuführung erfolgt durch Schleppkabel. Der Schwenkbereich beträgt 300°; Punkte kennzeichnen serienmäßige Ausführungen.

Die Standsicherheit ist für die straßenfahrbaren Krane von besonderer Bedeutung. DIN 15019 legt die Prüfbelastung mit einer 25%igen Überlast fest. Damit ist freilich noch keine Gewähr für gefahrlose Arbeit gegeben. Die Fahrzeuge haben ausziehbare Abstützeinrichtungen, damit sich das Standmoment bei seitlicher Hebearbeit vergrößert. Die Abstützteller sind so großflächig und beweglich gehalten, daß sie auf allen Bodenflächen gut aufliegen.

Bild 78 zeigt den Aufbau eines Mobilkranes mit seinen Hauptteilen. Das Fahrgestell hat Allradantrieb, die Hinterachse

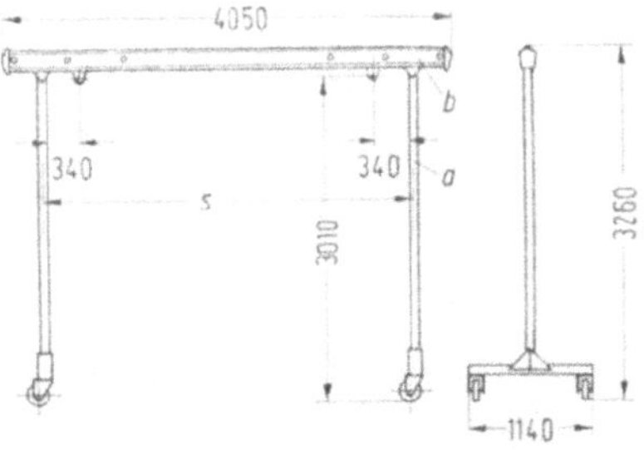

Bild 76. Kleinportalkran (DEMAG), fahrbar auf vier Laufrollen, mit einer Tragkraft von 500 kp, ausgerüstet mit leichtem Elektrokettenzug. Die Spannweite s ist einstellbar auf 3400, 2900 und 2400 mm. Das Gesamtgewicht beträgt 160 kg.
a Stütze aus Rohr; b Träger aus Profilrohr.

Tragkraft		bis 6 Mp	bis 12 Mp	bis 20 Mp	über 20 Mp
Mobil-Kran	Bauform				
	Verwendungsgebiet	Fabrikhallen und Höfe Lagerschuppen Bahnhöfe Häfen	Fabrikbetriebe Lagerplätze Häfen Werften Montagearbeiten	Fabrikbetriebe Lagerplätze Häfen Werften Montagearbeiten	Großreparaturen Montagearbeiten Sonderzwecke
Auto-Kran	Bauform				
	Verwendungsgebiet	Transporte Auto-Bergung	Montagearbeiten Transporte Wehrmacht	Montagearbeiten Transporte Wehrmacht Flugplätze	Montagearbeiten Großreparaturen Abraumbetriebe Wehrmacht Flugplätze

Bild 77. Übersicht über die Einteilung von Mobil- und Autokranen im Hinblick auf die Verwendungsgebiete.

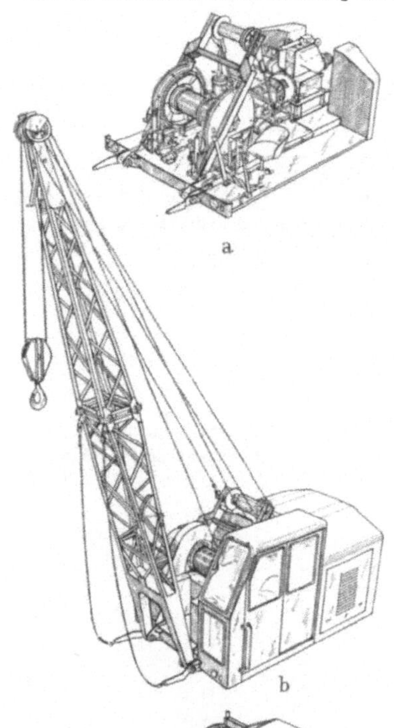

ist ungefedert im Rahmen eingebaut und überall ist Zwillingsbereifung vorgesehen. Der Antriebsmotor, meist ein Dieselmotor, sitzt im hinteren Bereich des Oberwagens und ist mit einer ausrückbaren Kupplung mit dem Mehrganggetriebe zu einem Block vereinigt. Das Windwerk wird vom gleichen Motor angetrieben, ebenso das Drehwerk, da der Oberwagen mit dem Fahrgestell durch eine Kugeldrehverbindung mit Zahnkranz verbunden ist. Die Bewegung der Seiltrommeln wird mit Schalthebeln gesteuert. Das Senken der Last wird durch handbetätigte Bandbremsen an den Trommeln und durch Motorkraft im Rückwärtsgang vollzogen. Der Ausleger ist zweiteilig und kann durch Zwischenstücke etwa auf das Doppelte verlängert werden. Dann wird allerdings mit einem Einziehflaschenzug gearbeitet.

Für die Krane ist vorgeschrieben, daß die für die verschiedenen Ausladungen zulässige Höchstbelastung am Fahrzeug angegeben ist. Die Hersteller erfüllen diese Forderung meist durch Aufzeichnen von Diagrammen, die das

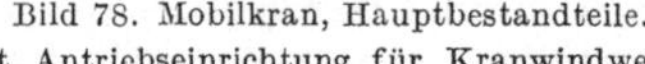

Bild 78. Mobilkran, Hauptbestandteile.
a) Motor mit Antriebseinrichtung für Kranwindwerk, Drehwerk und Fahrwerk. In verriegelter Stellung dient der Dieselmotor als Fahrzeugantrieb. b) Oberwagen, voll drehbar, mit Führerhaus, mit Gittermastausleger ohne Zwischenstücke. c) Fahrgestell mit den aus den Stirnwänden ausgezogenen Abstützträgern und abgesenkten Abstütztellern.

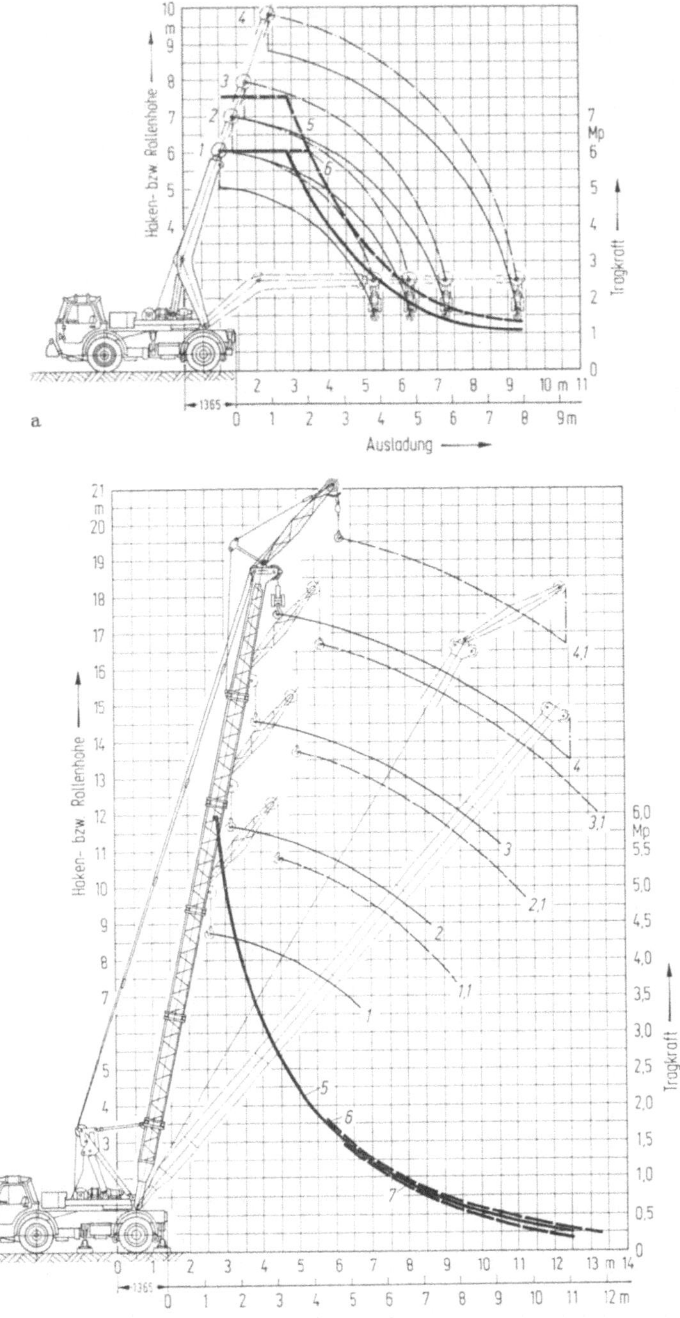

Bild 79. Mobilkran mit 6 Mp Tragkraft (Krupp-Ardelt).
a) Mit Teleskopknickausleger (mechanisch verriegelbar in drei Verlängerungen) mit dem von den verschiedenen Auslegerlängen in Anspruch genommenen Raum und dem Tragkraftdiagramm für Aufstellung ohne (—) und mit (—·—) Abstützung. Die Nenntragkraft darf auch bei kürzerem Lastabstand als 3 m nicht überschritten werden, es sei denn um 25% bei ausgezogener Abstützung. Der Teleskopmast wird hydraulisch eingezogen. Die Last wird mit Stahlseil gehoben und gesenkt.
b) Mit Gittermast anstelle des Teleskopmastes. Der Gittermast ist mit vier eingebauten Zwischenstücken auf größte Mastlänge eingerichtet und noch mit angebautem Hilfsausleger versehen. Die volle Tragkraft kann bei diesem Mastaufbau nur in einem kleinen Aktionsradius wirksam werden. Tragkraft und Ausladung des Hakens sind auf der gleichen Ordinate zu suchen.

Lastmoment in der genauen Größe angeben. Bild 79a zeigt einen Mobilkran mit 6 Mp Tragkraft, für den das Lastmoment jeweils in Aufstellung mit und ohne Abstützung eingezeichnet ist. Bild 79b zeigt den gleichen Mobilkran, jedoch mit Gittermast anstelle des Teleskopmastes mit seinem Tragkraftdiagramm.

V. Aufzüge

Die Aufzüge unterliegen wesentlich schärferen amtlichen Bestimmungen als die bisher besprochenen Hebezeuge. Die Aufzugverordnung schreibt vor, daß bereits die Absicht, einen Aufzug zu errichten mit allen Unterlagen, Beschreibung, Zeichnungen und Berechnung, der Aufsichtbehörde anzuzeigen ist. Weitere Bestimmungen betreffen die Prüfung der ganzen Anlage und einzelner Bauteile, den verwaltungsmäßigen Ablauf der Prüfung und den Betrieb des Aufzuges. Außerdem werden die Strafbestimmungen bei Zuwiderhandlungen festgelegt.

54. Gliederung. Man unterscheidet Personenaufzüge, Lastenaufzüge, die auch ein Mitfahren von Personen zulassen, und reine Güteraufzüge. Eine Trennung der Aufzüge für Personen- und Güterförderung ist von den Bestimmungen her gegeben, von der Konstruktion her aber nur begrenzt durchführbar. Die Aufzugsverordnung gilt für alle Aufzugsanlagen mit mehr als 2 m Förderhöhe, deren Fahrkorb oder Plattform zwischen festen Zugangstellen bewegt und geführt wird, sofern diese Anlagen gewerblichen Zwecken dienen. Für alle sonstigen Aufzüge, die die Personenförderung völlig ausschließen, sowie die des Bergbaues und des Baugewerbes ist sie jedoch nicht gültig.

Eine Übersicht mit den Merkmalen der verschiedenen Aufzugsarten zeigt Tab. 23. Die baulichen Forderungen nach einer Schutzverkleidung des Schachtes mit unbrennbaren und dichten Wänden und eine Reihe sonstiger Sicherheitsvorrichtungen bedingen bei den Lasten- und Güteraufzügen gegenüber anderen Hebezeugen wesentlich höhere Kosten.

55. Lasten- und Güteraufzüge. Die Aufzüge müssen in die Gebäude sorgfältig eingeplant werden. Bild 80 (S. 62) zeigt die Tragkräfte der Lastenaufzüge und die zugeordneten Fahrkorbgrößen mit den Abmessungen des Fahrschachtes nach DIN 15305. Die übliche Fahrkorbgeschwindigkeit liegt zwischen 0,5 und 0,8 m/s, da bei größeren Geschwindigkeiten die Herstellungs- und Errichtungskosten im Verhältnis zu den Ersparnissen der kürzeren Laufzeiten zu groß werden. Zeit läßt sich im Betrieb sparen, wenn das Be- und Entladen des Aufzuges nicht von Hand, sondern mit Fahrzeugen erfolgt.

Der Aufzug wird meist durch einen Elektromotor über Getriebe mit einer Treibscheibe angetrieben. Der Antrieb sitzt dann in einem Maschinenraum oberhalb des Aufzugschachtes, üblicherweise in einem Dachaufbau (Bild 81). Durch ein Gegengewicht in der Größe des Fahrkorbgewichtes plus halber Höchstlast wird ein Ausgleich geschaffen. Der Fahrkorb und das Gegengewicht werden je zwischen zwei Gleitschienen im Schacht erschütterungsfrei geführt. Beim Überschreiten der vorgesehenen Betriebsgeschwindigkeit spricht die Fangvorrichtung an, indem sie sich an der Führungsschiene festklemmt und dann erst durch ein Anheben des Fahrkorbes wieder gelöst werden kann.

Für den Antrieb vereinfachter Güteraufzüge sind auch Elektrozüge zugelassen, die den Bau der ganzen Anlage wesentlich vereinfachen. Spindelantrieb, hydraulisches Hubwerk und Zahnstangenantrieb lassen sich nur bei kleinen Förderhöhen verwenden.

Tabelle 23. *Merkmale der verschiedenen Aufzüge in Gegenüberstellung* [1]

	Personenaufzüge Lastenaufzüge Güteraufzüge	Vereinfachte Güteraufzüge einschl. Unterfluraufzüge bis zu 3 Haltestellen Unterfluraufzüge: oberste Haltestelle ist Erdgeschoß	Kleingüteraufzüge	Personen-Umlaufaufzüge
Tragkraft kp	unbegrenzt	≤ 1000	≤ 300	1...3 Personen/Fahrkorb
Betriebsgeschwindigkeit v m/s	unbegrenzt, bei Trommelantrieb o. bei Stahlgelenkketten als Tragmittel nur $\leq 0,5$ (·15%)	$\leq 0,3$ (·15%)	$\leq 1,5$ (·15%)	$\leq 0,3$
Fahrschachtwände Eigenschaften Baustoffe	nicht brennbar vollwandig	nicht brennbar Drahtgeflecht u. Welldrahtgitter	nicht brennbar vollwandig	vollwandig
	Drahtglas, Sicherheitsglas, Dick-, Spiegel- und Rohglas sind zulässig			
Fahrkorb — Grundfläche m²	unbegrenzt, der Tragkraft jedoch zugeordnet (Tragkraft ≈ 500 kp/m²)	$\leq 2,5$	$\leq 0,8$ (bei höchstens 1 m Tiefe)	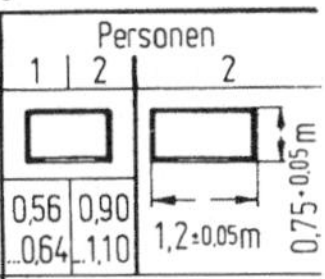 Personen: 1 → 0,56...0,64; 2 → 0,90...1,10; 2 → 1,2±0,05 m × 0,75·0,05 m
Fahrkorb — Höhe, innere m	≥ 2	$\geq 1,8$ wenn betretbar $\leq 1,2$ wenn Verbot d. Betretbarkeit	$\geq 1,2$ wenn nicht betretbar sonst $\leq 1,2$	$\geq 2,2$
Fahrkorb — Zugänge, Anzahl	höchstens 2 bei Lastenaufzügen mit $v < 1,25$ m/s	keine Einschränkung	keine Einschränkung	nur 1 (ausführungsbedingt)
Fahrkorb — Türen	vorgeschr. für Lastenaufzüge mit $v > 1,25$ m/s und für Personenaufzüge	nicht erforderlich	nicht erforderlich	keine
Tragmittel	Drahtseile, Stahlgelenkketten, Spindeln, Stempel, Zahnstangen	Drahtseile, Stahlgelenkketten, Spindeln, Stempel, Zahnstangen, bis 300 kp Tragkraft auch hochfeste Rundstahlketten	Drahtseile, Stahlgelenk- und hochfeste Rundstahlketten, Spindeln, Stempel, Zahnstangen	Stahlgelenkketten (Stahlrollenketten)
Antriebsart	Treibscheibe, Seiltrommel (E-Zug nur für Güteraufzüge) Kettenradantrieb, Spindelantrieb, hydraulisches Triebwerk, Zahnstangenantrieb	Seiltrommel, E-Zug, Kettenradantrieb, Spindelantrieb, hydraulisches Triebwerk, Zahnstangenantrieb	Treibscheibe, Seiltrommel, Kettenradantrieb, Spindelantrieb, hydraulisches Triebwerk, Zahnstangenantrieb	Kettenradantrieb
Gegengewicht	bei Treibscheibenantrieb erforderlich, bei Trommelantrieb unzulässig	unzulässig	bei Treibscheibenantrieb erforderlich, bei Trommelantrieb unzulässig	entfällt
Fangvorrichtung mit Geschwindigkeitsbegrenzer	erforderlich, jedoch nicht bei Spindeln, Stempeln, Zahnstangen oder Stützketten	erforderlich bei Tragkraft > 100 kp, wenn Fahrkorb betretbar u. mit Seil- oder Kettenantrieb	erforderlich bei Tragkraft > 100 kp und wenn unter dem Fahrschacht begehbarer Raum	entfällt
Aufsetzvorrichtung	unzulässig	zulässig anstatt Fangvorrichtung bis 500 kp Tragkraft u. bis 5 m Förderhöhe	unzulässig	entfällt
Überfahrweg m	bei $v \leq 0,85$ m/s $\geq 0,5$ bei $v > 0,85$ m/s: $0,5·(0,1·v^2)$	$\geq 0,2$	$\geq 0,2$	entfällt
ob. Schutzraumh. m	$\geq 0,7$	nicht gefordert	nicht gefordert	$\geq 0,5$
fr. Raum, unten m	$\geq 0,5$	$\geq 0,5$, Klappstützen zulässig	$\geq 0,5$, Klappstützen zulässig	$\geq 0,5$
Steuerung	beliebige elektrische Steuerung, bei Güteraufzügen nicht vom Fahrkorb aus	selbsttätige Steuerung zulässig; bei vom Fahrkorb bewegten Türen o. Deckeln nur willkürlich	selbsttätige Steuerung zulässig	entfällt

[1] Die Förderhöhe ist mit Ausnahme bei den vereinfachten Güteraufzügen und Unterfluraufzügen unbegrenzt.

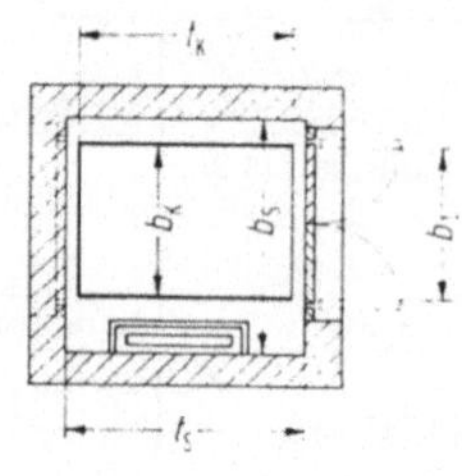

Fahrkorbabmessungen

Korbbreite b_K mm	900	1100	1400	1800	2200	2800
Korbtiefe t_K mm	Grundfläche in m²					
900		1,0				
1100	1,0	1,2	1,5			
1400	1,3	1,5	2,0	5,2		
1800		2,0	2,5	3,2	4,0	
2200			3,1	4,0	4,8	6,2
2800				5,0	6,2	7,8
3500				6,3	7,7	9,8
Korbhöhe h_K mm	2000	2000 2250		2250 2500		

Tiefkörbe (unterhalb der Stufenlinie) sind zu bevorzugen.

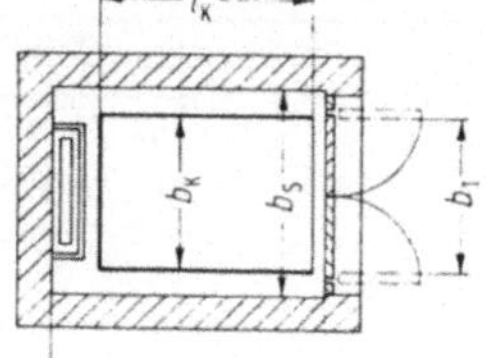

Schachtabmessungen

Tragkraft kp	300	500	800	1000	1250	1600	2000	3000	5000
Bild oben Schachtbreite b_S mm	$b_K + 600$			$b_K + 700$				$b_K + 800$	$b_K + 1000$
Bild oben Schachttiefe t_S mm	$t_K + 200$								
Bild unten Schachtbreite b_S mm	$b_K + 400$								
Bild unten Schachttiefe t_S mm	$t_K + 500$			$t_K + 600$					
Türbreite b_T mm	lichte Turbreite b_T = Korbbreite b_K								
Turhöhe h_T mm	lichte Turhöhe h_T = Korbhöhe h_K								

Bild 80. Fahrkorb- und Schachtabmessungen für Lastenaufzüge nach DIN 15305, bei Anordnung des Gegengewichtes seitlich und hinter dem Fahrkorb.

Tabelle 24. *Kennzeichnende Merkmale einer Gruppe von Kleingüteraufzügen*

Art	Antrieb	Fahrkorb Zahl	Fahrkorb Ausstattg.	Behälter für Fördergut	Beladen	Entladen	Steuerung	Tragkraft kp	Fördergeschw. m/s
Kleingüteraufzug	Intermittierend	1	mit oder ohne Zwischenbretter	nicht erforderlich	von Hand im Stillstand		Außen Anhol- u. Sendesteuerung	< 300 (50, 100, 150, 200)	0,4 … 0,5 0,8 **
Kastenkippaufzug	Intermittierend	1	mit Kipp- oder Rollboden	erstrebenswert *	von Hand im Stillstand	automatisch	Außen Anhol- u. Sendesteuerung	50	< 1,0
Mehrfächeraufzug	Intermittierend	1	mit mehreren Fächern je mit Kipp- o, Rollenbahn	erforderlich *	v. Hand oder automatisch im Stillstand	automatisch im Stillstand oder während der Fahrt	SammelSteuerung	150	≈ 0,3
Pendelaufzug	Kontinuierlich	1 oder 2	mit Rollenbahn	erforderlich *	automatisch während der Fahrt		Automatische Steuerung	300	≈ 0,3
Umlaufaufzug	Kontinuierlich	mehrere		erforderlich *	von Hand oder automatisch während der Fahrt		Zentral- und Universalsteuerung	100	< 0,4

* Horizontalförderer (Gurtförderer oder Rollenbahnen) sind für das An- und Abführen der Behälter vorteilhaft. ** Nur bei polumschaltbarem Antriebsmotor.

56. Kleingüteraufzüge. Mit diesen werden kleine Stücke bis 300 kp Gewicht schnell in andere Stockwerke gebracht. Die Tab. 24 gibt einen Überblick über die kennzeichnenden Merkmale der Kleingüteraufzüge. Der Einsatz von Förderbehältern ist dabei eine Voraussetzung und wirtschaftlich bedeutungsvoll.

a) Kippaufzüge. Sie entladen selbsttätig durch einen am Fahrkorbboden angeordneten Mechanismus.

b) Mehrfächeraufzüge. Sie haben, wie aus Bild 82 erkennbar, einen Fahrkorb, dessen Bauhöhe im Verhältnis zur Grundfläche groß ist. Der Fahrkorb ist mit mehreren seitlich angeordneten Rollenbatterien versehen, die den Einlauf von Behältern gestatten. Der Einlauf eines Behälters wird durch eine Steuervorrichtung abgesperrt, die die Bahn erst freigibt, wenn die Höhenlage des Faches im Mehrfächerkorb der der zuführenden Rollenbahn entspricht. Die Behälter werden durch einen schmalen Gurtförderer entladen, der, in den Schacht hineinragend, den Behälter aus seiner Ruhelage abhebt und nach außen trägt. Beim Aufwärtsfördern kann der Gurtförderer erst einfahren, wenn der Mehrfächerkorb mit seinem untersten Fach die Entladeöffnung überfahren hat und sich von oben auf den Gurtförderer senkt.

c) Pendelaufzüge. Bild 83 zeigt den Aufbau eines Pendelaufzuges. Das Zugmittel, eine endlose Kette, über zwei gleichgroße und senkrecht untereinanderliegenden Kettenräder laufend, ist durch einen Pendelstab mit

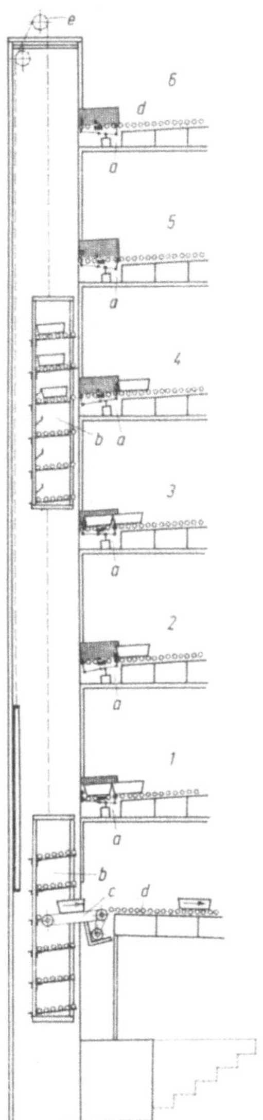

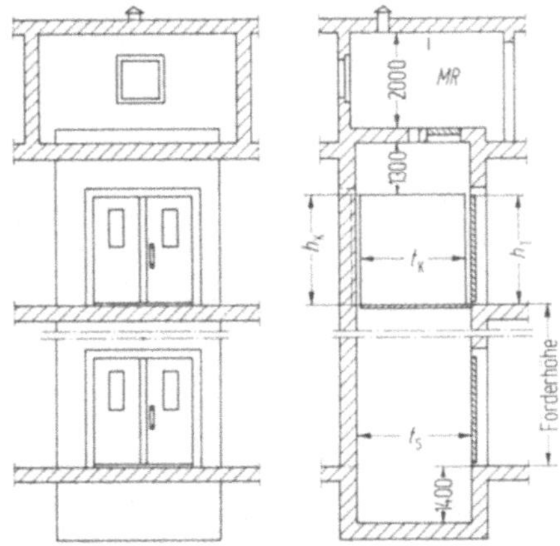

Bild 81. Aufzugschacht nach DIN 15305 in der baulichen Anordnung. Die Förderhöhe ist von der Zahl der zu verbindenden Stockwerke bestimmt. *MR* Maschinenraum, der den Antrieb und die Steuereinrichtungen aufnimmt. Die Abmessungen sind der Tabelle bei Bild 80 zu entnehmen.

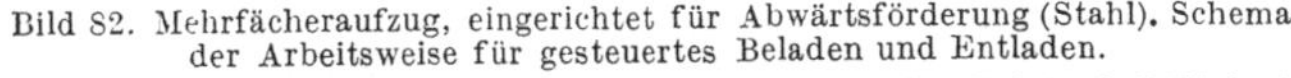

Bild 82. Mehrfächeraufzug, eingerichtet für Abwärtsförderung (Stahl). Schema der Arbeitsweise für gesteuertes Beladen und Entladen.
a Halte- und Freigabeeinrichtung für Kästen; *b* Mehrfächer-Fahrkorb (6 Fächer) mit seitlichen Rollenbatterien; *c* Entlade-Gurtförderer, in den Schacht hineinragend; *d* Rollen- oder Röllchenbahnen für Zu- und Abführung der Kästen; *e* Seilscheibenantrieb. Die Stockwerke sind mit 1 bis 6 bezeichnet.

dem Aufzugkorb verbunden, der auf diese Weise nach oben oder unten bewegt wird. Der Korb ist zwischen Schienen geführt und sein Gewicht wird durch ein Gegengewicht ausgeglichen.

d) Umlaufaufzüge. Sie sind nichts anderes als Schaukelförderer, wie sie zu den Stetigförderern nach DIN 15201 gezählt werden. Nach diesem Prinzip arbeiten auch die Personen-Umlaufaufzüge. Beladen wird in der Aufwärtsstrecke, entladen in der Abwärtsstrecke. Bei selbsttätiger Entnahmeeinrichtung kann die Aufzuggeschwindigkeit auf 0,4 m/s erhöht werden. Sie darf bei Aufgabe und Entnahme des Fördergutes von Hand allerdings nicht mehr als 0,2 m/s betragen.

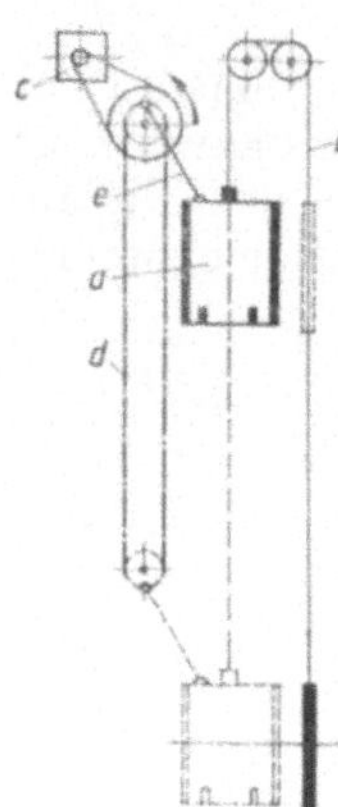

Bild 83. Antriebsschema ·eines Pendelaufzuges. Das Beladen und Entladen wird in den Grenzlagen des Fahrkorbes vorgenommen.
a Fahrkorb, seitlich geführt; *b* Tragseil zum Gewichtsausgleich; *c* Antrieb, ohne Richtungsumsteuerung; *d* Buchsenkette mit seitlicher Befestigung für *e* Pendelstab, der in kraftschlüssiger Verbindung zum Fahrkorb steht.

Bei besonderem Aufbau, der im wesentlichen in einer genauen und pendelfreien Führung der Traggerüste und einer Ausstattung mit elektrisch gesteuerten Be- und Entladevorrichtungen besteht, können die Umlaufaufzüge automatisch arbeiten, wobei unter „automatisch" die selbsttätige Übernahme eines bereitgestellten Behälters, seine Höhenlageveränderung und sein Ausschleusen am gewählten Ziel zu verstehen ist. Die Traggerüste sind dabei mit einem an der Rückwand des Aufzugschachtes umlaufenden Kettenstrang gelenkig verbunden.

Die Zentralsteuerung läßt nur die Aufgabe der Behälter von der Zentrale mit beliebiger Zielsetzung und nur die Rücksendung an die Zentrale zu. Bei der Universalsteuerung können die Behälter *von* jeder beliebigen *zu* jeder beliebigen Empfangsstelle aufgegeben werden. Die Förderbehälter sind zu diesem Zwecke am Längsrand mit einstellbaren Zielnocken versehen, die das Stockwerk des Ausschleusens wählen lassen. Auf jedem Stockwerk wird während des Umlaufes des Behälters die Zieleinstellung durch die Abtastorgane der Entladevorrichtung überprüft.

Die Entladevorrichtung ist eine geschlossene Baueinheit mit eigenem Antrieb. Wirkt die Zieleinstellung auf eine Endschalteranordnung im Schacht, so wird eine Abnahmegabel in den Schacht eingeschwenkt und gleichzeitig die Schachttür geöffnet. Der Behälter rollt auf den Röllchen der geneigten Abnahmegabel aus dem Fahrschacht heraus. Die Abnahmegabel und die Tür gehen anschließend in ihre Ruhelage zurück.

An der Beladevorrichtung, die im Prinzip den gleichen Aufbau wie die Entladevorrichtung hat, wird über eine Zuteilvorrichtung dafür gesorgt, daß kein Behälter in den Schacht eintreten kann, wenn bereits ein beladenes Traggerüst vorbeifährt und daß ein weiterer nachfolgender Behälter solange zurückgehalten wird, bis der vorausgehende abgefertigt ist.

Werkstattbücher

Kurzgefaßte Einzeldarstellungen über
Grundlagen, wissenschaftliche Erkenntnisse, praktische Erfahrungen
aus den Gebieten

Fertigungsverfahren; Werkzeugmaschinen, ihre Antriebe und Steuerungen;
Werkzeuge; Werkstoffe; Messen und Prüfen; Betriebsorganisation

Verzeichnis der bei Erscheinen dieses Heftes lieferbaren und der in Vorbereitung befindlichen Titel

Bei gleichzeitigem Bezug von 10 beliebigen Heften ermäßigt sich der Heftpreis um 20%